中国古生物研究丛书

Selected Studies
of Palaeontology
in China

玲珑塔达尔文翼龙（*Darwinopterus linglongtaensis*）

国家出版基金项目
NATIONAL PUBLICATION FOUNDATION

燕辽翼龙动物群

Yanliao Pterosaur Fauna

程　心　蒋顺兴　汪筱林　著

赵闯　M. Oliveira　绘图

上海科学技术出版社

图书在版编目(CIP)数据

燕辽翼龙动物群/程心,蒋顺兴,汪筱林著.—上
海：上海科学技术出版社，2017.6
　（中国古生物研究丛书）
　ISBN 978-7-5478-3553-1

　Ⅰ.①燕…　Ⅱ.①程…　②蒋…　③汪…　Ⅲ.①翼龙目
－动物群－研究－中国　Ⅳ.①Q915.864

中国版本图书馆CIP数据核字 (2017) 第098989号

丛书策划　季英明
责任编辑　戴　薇
装帧设计　戚永昌

燕辽翼龙动物群

程　心　蒋顺兴　汪筱林　著

上海世纪出版股份有限公司
上 海 科 学 技 术 出 版 社　出版
（上海钦州南路71号　邮政编码200235）
上海世纪出版股份有限公司发行中心发行
200001　上海福建中路193号　www.ewen.co
南京展望文化发展有限公司排版
上海中华商务联合印刷有限公司印刷
开本　940×1270　1/16　印张 9.75　插页 4
字数　250千字
2017年6月第1版　2017年6月第1次印刷
ISBN 978-7-5478-3553-1/Q·51
定价：248.00元

内 容 提 要

　　翼龙是第一种演化出自主飞行能力的脊椎动物。翼龙在三叠纪晚期出现，繁盛于侏罗纪和白垩纪，是当时的空中霸主。中国是世界上重要的翼龙化石产地，主要集中在燕辽生物群和热河生物群。燕辽翼龙动物群是中晚侏罗世燕辽生物群的重要组成部分，也是著名的早白垩世热河生物群中翼龙辐射的前奏。燕辽翼龙动物群主要分布在辽宁西部、内蒙古东南部和河北北部，其化石保存精美，数量较多。燕辽翼龙动物群目前已发现的翼龙化石有悟空翼龙科、蛙嘴翼龙科、掘颌翼龙科和喙嘴龙科等4科10属12种，以及科未定的2属2种，是世界上侏罗纪翼龙化石最丰富的动物群之一，其中悟空翼龙科代表了翼龙从"喙嘴龙类"（非翼手龙类）向翼手龙类演化的关键缺失环节。

　　本书是中国科学院古脊椎动物与古人类研究所翼龙研究团队关于中国侏罗纪翼龙化石的初步研究成果的总结。主要包括燕辽翼龙动物群的发现和研究历史、主要化石产地、地层学和同位素年代学、翼龙动物群的组成和生物学特征，以及翼龙研究简史等内容。

Brief Introduction

　　Pterosaurs were the first vertebrate that developed active flying ability on the earth. They occurred in the Late Triassic, then getting prosperous and ruling the sky during the Jurassic to Cretaceous. Paleontologists have found abundant pterosaur fossils in China, which mostly belong to Yanliao Biota and Jehol Biota. Yanliao Pterosaur Fauna is an important constituent of the Middle-Late Jurassic Yanliao Biota and the prolusion of the pterosaur radiation in the famous Early Cretaceous Jehol Biota. This fauna distributes in the western Liaoning, southeastern Nei Mongol, and northern Hebei. So far, plentiful beautifully preserved pterosaur specimens have been discovered here, including four families, Wukongopteridae, Anurognathidae, Scaphognathidae, and Rhamphorhynchidae, ten genera, and twelve species, besides undetermined two genera and two species which make it one of the richest Jurassic pterosaur faunae in the world.The Wukongopteridae is the missing link in the evolution from "rhamphorhynchoids" (or pterodactyloids) to pterodactyloids.

　　This book was a summary of the preliminary research on Chinese Jurassic pterosaurs executed by the pterosaur team of the Institute of Vertebrate Paleontology and Paleoanthropology, Chinese Academy of Sciences.This book includeed an introduction of the discovery and research history of Yanliao Pterosaur Fauna,the fossil localities, stratigraphy, isotope chronology, the components, some aspects of pterosaur paleobiology, and a brief reasearch history of pterosaur.

序

《中国古生物研究丛书》由上海科学技术出版社编辑出版，今明两年内将陆续与读者见面。这套丛书有选择地登载中国古生物学家近20年来，根据中国得天独厚的化石材料做出的研究成果，不仅记录了一些震惊世界的发现，还涵盖了对一些古生物学和演化生物学关键问题的探讨和思考。出版社盛邀在某些领域里取得突出成绩的多位中青年学者，以多年工作积累和研究方向为主线，进行一次阶段性的学术总结。尽管部分内容在国际高端学术刊物上发表过，但在整理和综合的基础上，首次全面、系统地编撰成中文学术丛书，旨在积累专门知识、方便学习研讨。这对中国学者和能阅读中文的外国读者而言，不失为一套难得的、专业性较强的古生物学研究丛书。

化石是镌刻在石头上的史前生命。形态各异、栩栩如生的化石告诉我们许多隐含无数地质和生命演化的奥秘。中国不愧为世界上研究古生物的最佳地域之一，因为这片广袤土地拥有重要而丰富的化石材料。它们揭示史前中国曾由很多板块、地体和岛屿组成；这些大大小小的块体原先分散在不同气候带的各个海域，经历很长时期的分隔，才逐渐拼合成现在的地理位置；这些块体表面，无论是海洋还是陆地，都滋养了各时代不同的生物群。结合其生成的地质年代和环境背景，可以揭示一幕幕悲（生物大灭绝）喜（生物大辐射）交加、波澜壮阔的生命过程。自元古代以来，大批化石群在中国被发现和采集，尤其是距今5.2亿年的澄江动物群和1.2亿年的热河生物群最为醒目。中国的古生物学家之所以能做出令世人赞叹的成果，首先就是得益于这些弥足珍贵的化石材料。

其次，这些成果的取得也得益于中国古生物研究的悠久历史和浓厚学术氛围。著名地质学家李四光、黄汲清先生等，早年都是古生物学家出身，后来成为地质学界领衔人物。正是中国的化石材料，造就了以他们为代表的一大批优秀古生物学家群体。这个群体中许多前辈的野外工作能力强、室内研究水平高，在严密、严格、严谨的学风中沁润成优良的学术氛围，并代代相传，在科学界赢得了良好声誉。现今中青年古生物学家继承老一辈的好学风，视野更宽，有些已成长为国际权威学者；他们为寻找掩埋在地下的化石，奉献了青春。我们知道，在社会大转型的过程中，有来自方方面面的诱惑。但凭借着对古生物学的热爱和兴趣，他们不在乎生活有多奢华、条件有多优越，而在乎能否找到更好、更多的化石，能否更深入、精准地研究化石。他们在工作中充满激情，愿意为此奉献一生。我们深为中国能拥有这一群体感到骄傲和自豪。

同时，中国古生物学还得益于改革开放带来的大好时光。我们很幸运地得到了国家（如科技部、中国科学院、自然科学基金委、教育部等）的大力支持和资助，这不仅使科研条件和仪器设备有了全新的提高，也使中国学者凭借智慧和勤奋，在更便利和频繁的国际合作交流中创造出优秀的成果。

将要与读者见面的这套丛书，全彩印刷、装帧精美、图文并茂，其中不乏化石及其复原的精美图片。这套丛书以从事古生物学及相关研究和学习的本科生、研究生为主要对象。读者可以从作者团队多年工作积累中，阅读到由系列成果作为铺垫的多种学术思路，了解到国内外相关专业的研究近况，寻找到与生命演化相关的概念、理论和假说。凡此种种，不仅对有志于古生物研究的年轻学子，对于已经入门的古生物学者也不无裨益。

戎嘉余　周忠和

《中国古生物研究丛书》主编

2015年11月

前 言

在漫长的地球历史中，翼龙是最早发展出飞行能力的脊椎动物，它们依靠特化的第四指附着翼膜形成的翅膀，克服地球引力，从三叠纪晚期开始，统治天空达1.6亿年，直到距今6 500万年前白垩纪末期的生物大灭绝，才最终退出历史的舞台。翼龙演化史上有两个重要的谜题，一是翼龙从何起源，二是原始的"喙嘴龙类"如何过渡到进步的翼手龙类。第一个谜题还未解决，第二个谜题却在中国的辽西找到了答案。

中国北方有两座珍贵的中生代陆相化石宝库：中晚侏罗世的燕辽生物群和早白垩世的热河生物群。在这两个生物群中，翼龙都扮演着重要的角色，然而它们的组合面貌却截然不同。热河生物群的翼龙类以短尾的翼手龙类为主，燕辽生物群的翼龙类则以长尾的"喙嘴龙类"为主，其中包括"缺失的一环"——悟空翼龙类。悟空翼龙类同时具有原始和进步的镶嵌特征，被认为是"喙嘴龙类"向翼手龙类演化的关键过渡环节。

中国科学院古脊椎动物与古人类研究所翼龙研究团队，从20世纪90年代开始，一直致力于我国翼龙动物群的研究，先后研究了热河生物群和燕辽生物群的翼龙化石及其组合，发现并初步研究了哈密翼龙动物群。从2004年开始，团队与巴西里约联邦大学和巴西国家博物馆的同行进行了广泛合作，对比研究中巴两国产出的翼龙化石及组合，取得了一系列重要成果，其中包括对燕辽生物群中的悟空翼龙类和热河生物群的若干重要翼龙类群的研究。

本书分为五大部分：第1章介绍翼龙的基本知识，包括世界上最早发现的翼龙、翼龙化石在中国的分布、翼龙的分类和翼龙的骨骼等。第2章简述中国的翼龙研究历史，重点介绍热河生物群的翼龙化石和最新研究进展。第3章介绍燕辽翼龙动物群的化石产地、赋存的地层及其时代。第4章概括燕辽翼龙动物群的组成及各翼龙属种的形态学特征。第5章介绍燕辽翼龙动物群在体表皮肤衍生物、产卵生殖方式以及头饰等方面的研究进展。

在项目研究及野外考察过程中得到中国科学院古脊椎动物与古人类研究所王强、李岩、孟溪、张嘉良、周爽、李宁、潘睿、裴锐、张鑫俊、程仕靓等的支持和帮助，李玉同、向龙、周红娇、李海霞、汪瑞杰等帮助修理标本，高伟、张杰拍摄部分化石照片，C. Sullivan提供了部分照片；巴西里约联邦大学和巴西国家博物馆A.W.A. Kellner等提出了宝贵的修改意见；赵闯、M. Oliveira（巴西里约联邦大学和巴西国家博物馆）、张宗达、李荣山等提供了精美的翼龙生态复原图。此外，吉林大学孙春林、天津地质矿产研究所初航等分别在一些翼龙的对比观察和锆石U-Pb测年中给予了帮助，在此一并致谢。

本书相关研究工作得到国家自然科学基金（41572020，41172108）、国家自然科学基金基础科学中心项目（41688103）、国家自然科学基金重大研究计划（91514302）、中国科学院战略性先导科技专项（B类）（XDB18000000）、国家杰出青年科学基金（40825005）、中国科学院"百人计划"项目和国家重点基础研究发展计划项目（973计划）（2012CB821900）等的资助。

目 录

序

前言

飞翔在蓝天上的翼龙 （M. Oliveira 绘）

1 翼 龙

1.1 什么是翼龙

翼龙是一种已经灭绝的、能飞行的爬行动物,同时也是迄今为止地球上出现过的、具有飞行能力的三类脊椎动物(翼龙、鸟类、蝙蝠)中最早飞上蓝天的,比最早出现的鸟类早了大约7 000万年。翼龙最早出现在距今约2.2亿年的三叠纪晚期,统治了地球的天空1.6亿年,直到6 500万年前,在白垩纪末期的生物灭绝事件中彻底消失(Wellnhofer, 1991)。

翼龙常常被人们误认为是一种会飞的恐龙,然而尽管翼龙和恐龙之间有着很近的亲缘关系,但是翼龙并不是恐龙,仅仅能够算得上恐龙的"表亲"。事实上,翼龙与恐龙的关系,比黑猩猩与人类的关系还要疏远。在分类学上,翼龙、恐龙和现存的鳄鱼等都是属于主龙类(Archosauria)的爬行动物(Witton, 2013)。

世界上第一件翼龙化石发现于18世纪后期,来自德国晚侏罗世索伦霍芬,1784年意大利博物学家C. A. Collini发表了第一篇关于"翼龙"的研究论文。当时,他并没有提出"翼龙"这一名词,也没有认为加长的前肢与"翼"有任何联系。由于无法理解这一生物的奇特特征(前肢特别长),C. A. Collini依据与其共同保存的海生生物推测这一化石也是一种海洋生物,特别加长的前肢是类似鱼鳍、用来划水的结构。1801年,法国著名的比较解剖学家G. Cuvier在查阅了C. A. Collini对化石的描述和照片后,认为这一动物是一种爬行动物,并且确认了加长的第四指,认为这是一种会飞的爬行动物。这件标本现在保存在德国慕尼黑的巴伐利亚古生物与地质博物馆,由于化石太珍贵,目前仅提供模型供研究者观察(图1-1)。

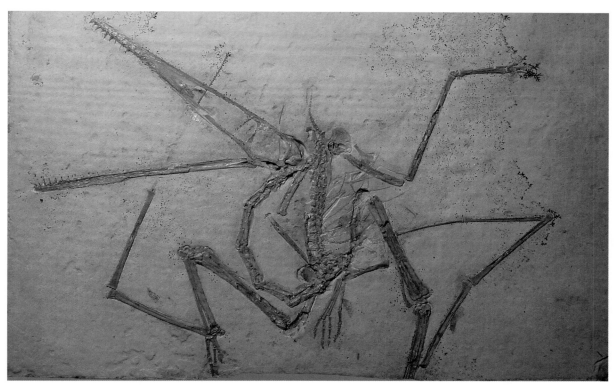

图1-1 世界上发现的第一件翼龙化石 (现存于巴伐利亚古生物与地质博物馆)

图1-2 世界著名古生物学家G. Cuvier(1769—1832)，被誉为古脊椎动物学之父

G. Cuvier（图1-2）将这种生物命名为Ptero-Dactyle，分别由表示翅膀的"Ptero"和表示手指的"Dactyle"两部分构成，这就是翼手龙属（*Pterodactylus*）属名的由来（Wellnhofer, 2008）。1834年，J. J. Kaup最早使用了Pterosaurii一词来指翼龙类，其中的"saur"意为蜥蜴，代表爬行动物，整个词就是有翅膀的爬行动物。1842年，R. Owen首次使用现在的Pterosauria一词来表示翼龙目的爬行动物（Wellnhofer, 2008）。

1.2 翼龙化石的分布

为了适应飞行，除了翼龙的身体形态十分特化以外，

翼龙的骨壁也变得很薄，内部大多是中空的，后来的鸟类的骨骼也展现了这一特点。这也使得翼龙化石十分稀少，并且大多不完整。不过，正是因为具有了飞行的能力，翼龙化石在全世界的分布十分广泛，目前已经在各大洲（Barrett et al., 2008；汪筱林等，2014），甚至包括南极洲都发现了翼龙化石（Hammer, Hickerson, 1994）。

迄今为止，最早的翼龙化石是在意大利晚三叠世沉积中发现的真双型齿翼龙属（*Eudimorphodon*）（图1-3）和翅龙属（*Peteinosaurus*），最晚的翼龙化石纪录是白垩纪末期包括风神翼龙属（*Quetzalcoatlus*）（图1-4）在内的神龙翼龙科（Azhdarchidae）的成员。

中国是全世界翼龙化石种类最多、数量最为丰富的国家之一。目前有过翼龙化石报道的就有新疆、内蒙古、辽宁、河北、甘肃、四川、山东、浙江等八个省及自治区，化石所述时代从中侏罗世一直延续到晚白垩世（图1-5）。其中，尤其以在辽西和周边地区以及新疆维吾尔自治区发现的翼龙化石最为丰富（图1-6, 1-7）。辽西地区发现有燕辽生物群和热河生物群，分别为中、晚侏罗世和早白垩世的中生代陆生生物群，其中包括了许多二维保存的完整的翼龙骨架、胚胎、软组织印痕等化石。新疆发现了乌尔禾翼龙动物群和哈密翼龙动物群，这两个动物群的翼龙都呈三维立体保存。四川自贡中侏罗世的狭鼻翼龙属（*Angustinaripterus*）（图1-8）代表了中国目前发现时

图1-3 真双型齿翼龙复原图 〔赵闯 绘〕

图1-4 诺氏风神翼龙复原图 （赵闯 绘）

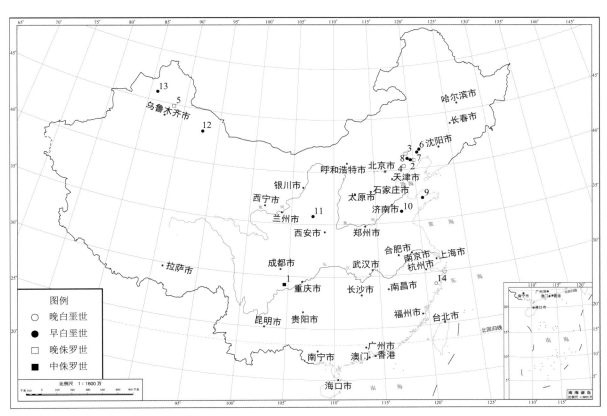

图1-5 中国翼龙化石产地分布 1.四川大山铺；2.辽宁建昌；3.内蒙古宁城；4.河北青龙；5.新疆五彩湾；6.辽宁阜新；7.辽宁朝阳；8.辽宁凌源；9.山东莱阳；10.山东蒙阴；11.甘肃庆阳；12.新疆哈密；13.新疆乌尔禾；14.浙江临海。（修改自《中国古脊椎动物志》第二卷，2017）[审图号：GS（2008）1027号]

图1-6　辽宁北票四合屯化石发掘地点 （2010年）

图 1-7 　天山哈密翼龙（*Hamipterus tianshanensis*）化石地点及剖面

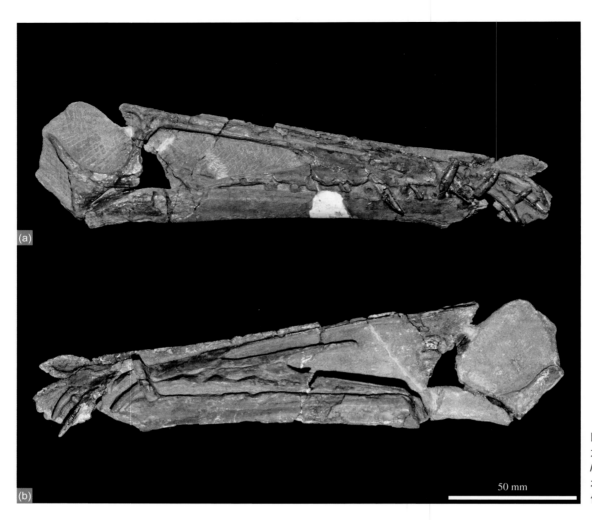

图1-8　长头狭鼻翼龙（*Angustinaripterus longicephalus*）正型标本（ZDM T8001）　a. 右侧视；b. 左侧视。

图1-9　临海浙江翼龙（*Zhejiangopterus linhaiensis*）正型标本（ZMNH M1330）（引自《中国古脊椎动物志》第二卷，2017）

代最早的翼龙种类，而浙江临海晚白垩世的浙江翼龙属（*Zhejiangopterus*）（图1-9）代表了中国目前发现时代最晚的翼龙类型（汪筱林等，2014）。

世界上其他一些较为著名的翼龙化石产地和层位包括：以翼手龙属（*Pterodactylus*）和喙嘴龙属（*Rhamphorhcynchus*）为代表的德国巴伐利亚州的上侏罗统索伦霍芬灰岩（Solnhofen limestone）；发现了蛙颌翼龙属（*Batrachognathus*）和索德斯龙属（*Sordes*）的哈萨克斯坦卡

拉套地区的上侏罗统卡拉巴斯套组（Karabastau Formation）地层；以古魔翼龙属（*Anhanguera*）和古神翼龙属（*Tapejara*）闻名的巴西的阿拉里皮盆地（Araripe Basin）的下白垩统桑塔纳组（Santana Formation）地层（图1-10），以及发现了南方翼龙属（*Pterodaustro*）的阿根廷圣路易斯省的下白垩统Lagarcito组（Lagarcito Formation）地层；以无齿翼龙属（*Pteranodon*）为代表的美国得克萨斯州的上白垩统奈厄布拉勒白垩层（Niobrara Chalk）（Barrett et al.，2008）。

图1-10　巴西阿拉里皮盆地下白垩统桑塔纳组地层

1.3 翼龙的分类

翼龙的延续时间长、分布范围广,早期和晚期的属种在身体结构上差异非常大,相同时期的属种在形态上也存在明显的区别。目前已发现的最早的翼龙来自晚三叠世,然而那时的翼龙身体已经十分特化 (Wild, 1984; Dalla Vecchia, 1998),在更老的地层中还没有发现任何比晚三叠世的翼龙更加原始的、处于向翼龙演化阶段的类型,所以关于翼龙的起源问题并没有确切的答案 (图1-11)。早期的翼龙体型都比较小,上下颌都有牙齿,可能与翼龙起源于某种小型爬行动物有关;早期的翼龙前肢与后肢的长度比例也不大,可能与早期翼龙的飞行能力比较弱有关;除蛙嘴翼龙外,早期的翼龙都具有一条长长的尾巴,尾巴的具体功能还有待研究。晚期的翼龙属种,前肢很发达,尾巴基本消失,有些体型十分巨大,有些体型非常小,有些牙齿很多,有些牙齿消失。

在 G. Cuvier 确认翼龙是一种爬行动物之后的很长一段时间内,仍然有一些研究者不赞同这一观点,他们或者认为翼龙是某种鸟类 (Blumenbach, 1807),

图1-11 古生物学家推测出来的翼龙祖先 (Wellnhofer, 1991)

或者认为翼龙是蝙蝠和鸟类之间过渡类型的某种哺乳动物 (Soemmerring, 1812)。随着越来越多的翼龙化石被发现,翼龙属于爬行动物目前已毫无疑问 (Wellnhofer, 2008; Witton, 2013)。但是,翼龙在爬行动物中的具体位置,仍然存在着很大争议。目前关于翼龙分类位置的主要假说包括:① 属于双孔类 (Diapsida) 中的有鳞类 (Squamata) (Peters, 2008);② 属于主龙型类 (Archosaurimorpha) 中的原龙类 (Protorosauria),并与三叠纪后肢具膜的滑翔生物 *Sharovipteryx* 具有较近的亲缘关系 (Peters, 2000);③ 属于主龙形类 (Archosauroformes),处于较为原始的位置 (Bennett, 1996a; Unwin, 2006);④ 属于主龙形类,与恐龙超目 (Dinosauria) 一同构成鸟颈类 (Ornithodira),并认为 *Scleromochlus* 是两者已知最近的共同祖先类型 (Padian, 1984; Hone, Benton, 2007, 2008; Nesbitt et al., 2010; Nesbitt, 2011) (图1-12)。目前,假说④在化石中得到了最多的支持,被接受程度也最高。

根据《中国古脊椎动物志》,翼龙目属于爬行纲。按照传统的翼龙分类,又将翼龙目分为两个亚目,即"喙嘴龙亚目"("Rhamphorhynchoidea")和翼手龙亚目 (Pterodactyloidea),这一分类由 Plieninger (1901) 最早提出。但是现代的系统发育分析一致认为,"喙嘴龙亚目"并非单系,而是翼龙目中除翼手龙亚目这个单系类群之外的所有基干类型所构成的一个复系类群 (Bennett, 1994; Unwin, 1995, 2003; Kellner, 2003)。所以,目前部分学者使用非翼手龙类 (non-pterodactyloids) 来代替。但是,"喙嘴龙亚目"的使用范围非常广,文献资料中的使用频率高,甚至目前的研究中仍有研究者使用,因此"喙嘴龙亚目"(加双引号,表示非单系类群) 的名称仍然保留。但是这样做也会存在一些问题,比如近几年在燕辽生物群中发现的悟空翼龙科 (Wukongopteridae),同时具有分属于"喙嘴龙亚目"和翼手龙亚目两大类的共同形态特征,研究者认为这是介于翼龙两大类群之间的、关键的演化环节 (Wang et al., 2009, 2010; Lü et al., 2010a; Cheng et al., 2016)。在大多数的系统发育分析中,悟空翼龙类都是翼手龙亚目的姐妹群,并与其构成一个单系类群,属于一个比翼手龙亚目更高的分类阶元,称为单孔翼龙类 (Monofenestra)。那么,悟空翼龙科与翼手龙亚目之间的亲缘关系更近,但是又不属于翼手龙亚目,本书只能将其放入"喙嘴龙亚目",这样的问题还存在于其他归入"喙嘴龙亚目"的成员中,在此加以说明。目前,在中国已记

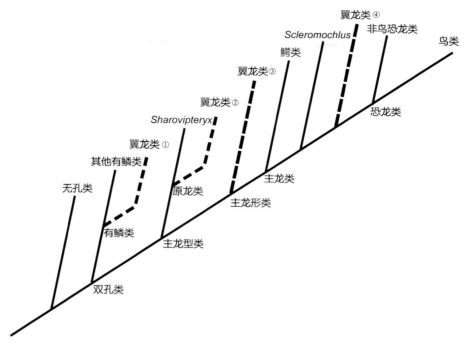

图1-12　翼龙起源假说　（引自《中国古脊椎动物志》第二卷,2017）

述的翼龙化石有13科、51属、59种（引自《中国无脊椎动物志》第二卷,2017）,科一级分类方案如下：

翼龙目 Order Pterosauria

　　"喙嘴龙亚目" Suborder "Rhamphorhynchoidea"

　　　　蛙嘴翼龙科 Family Anurognathidae

　　　　喙嘴龙科 Family Rhamphorhynchidae

　　　　掘颌翼龙科 Family Scaphognathidae

　　　　悟空翼龙科 Family Wukongopteridae

　　翼手龙亚目 Suborder Pterodactyloidea

　　　　古翼手龙超科 Superfamily Archaeopterodactyloidea

　　　　　梳颌翼龙科 Family Ctenochasmatidae

　　　　　高卢翼龙科 Family Gallodactylidae

　　　　　北方翼龙科 Family Boreopteridae

　　　　无齿翼龙超科 Superfamily Pteranodontoidea

　　　　　古魔翼龙科 Family Anhangueridae

　　　　　帆翼龙科 Family Istiodactylidae

　　　　神龙翼龙超科 Superfamily Azhdarchoidea

　　　　　准噶尔翼龙科 Family Dsungaripteridae

　　　　　古神翼龙科 Family Tapejaridae

　　　　　朝阳翼龙科 Family Chaoyangopteridae

　　　　　神龙翼龙科 Family Azhdarchidae

"喙嘴龙类"的最主要特征是上下颌都具有牙齿,外鼻孔和眶前孔分离,枕髁指向头骨后部,方骨相对垂直,颈椎和翼掌骨都比较短,具加长的第五趾,绝大部分都是长尾的,且尾椎的数量和长度都明显增加（图1-13a,1-14）。仅有蛙嘴翼龙科（Anuroganthidae）这一特殊的类群,虽然它一般不具有长尾,但具有"喙嘴龙类"的其他特征,仍被归为"喙嘴龙类"。不过,蛙嘴翼龙科的分类位置仍然存在问题,在目前的研究中存在两极分化的情况。一些研究者认为蛙嘴翼龙科是最原始的一类翼龙,处于翼龙系统树的基干位置（Kellner,2003；Wang et al.,2009）,另一些研究者虽然也认为蛙嘴翼龙科很原始,但不是最原始的翼龙（Unwin,2003）,同时,还有研究者认为蛙嘴翼龙科是非常进步的类群,是翼手龙亚目的姐妹群,先与翼手龙亚目构成一个单系（Caelicodracones）,再与悟空翼龙科构成单孔翼龙类（Monofenestra）（Andres et al.,2014）。然而,单孔翼龙类的一个重要特征,即具有愈合的鼻眶前孔,在目前已发现的蛙嘴翼龙科化石中,尚无直接证据。

　　翼手龙类代表了翼龙的鼎盛时期,它们在种类、数量、形态以及地理分布等方面都表现出了极大的多样性。它们的牙齿在数量上呈现明显的多样化,许多类群没有牙齿,有些种类仅吻端保留牙齿,更有一些种类的牙齿达上千枚。翼手龙类的鼻孔和眶前孔愈合为鼻眶前孔,枕髁指

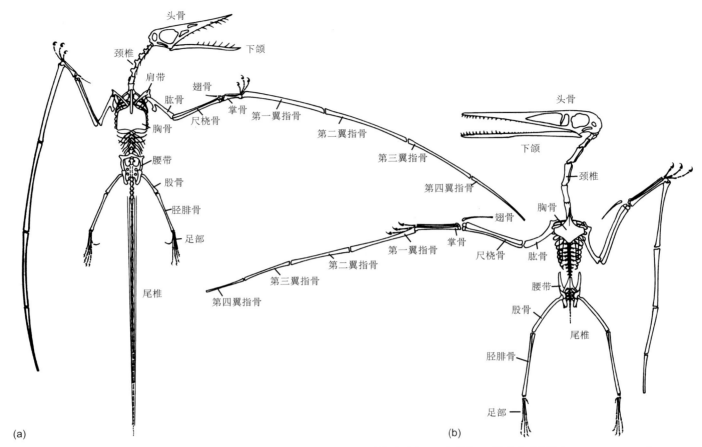

图1-13　喙嘴龙属（*Rhamphorhynchus*）和翼手龙属（*Pterodactylus*）骨骼对比　a.喙嘴龙；b.翼手龙。（修改自Wellnhofer, 1991）

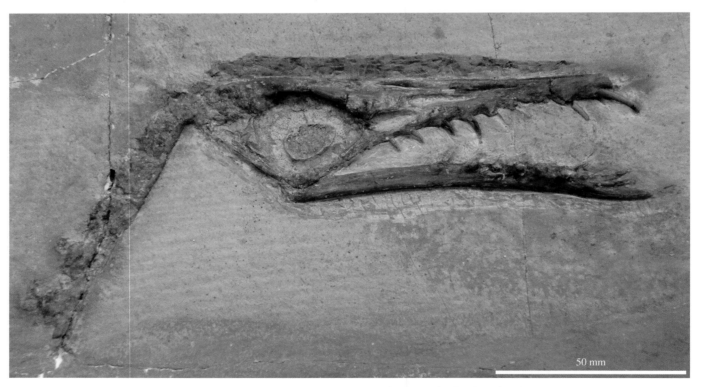

图1-14　喙嘴龙属（*Rhamphorhynchus*）头骨　（现存于巴伐利亚古生物与地质博物馆）

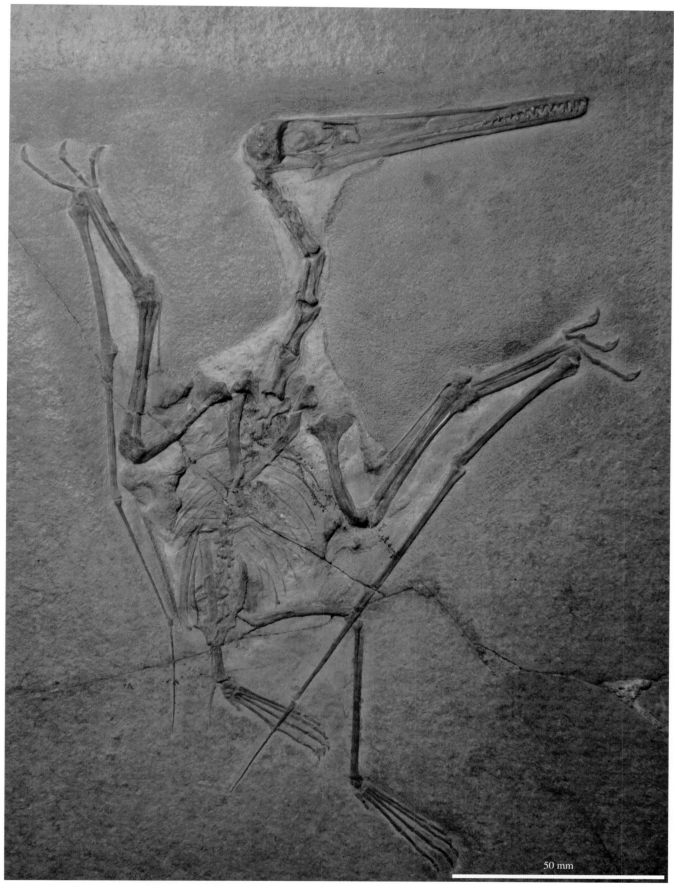

50 mm

图1-15　翼手龙属（*Pterodactylus*）骨架　（现存于巴伐利亚古生物与地质博物馆）

向头骨后下方，方骨相对水平，颈椎和翼掌骨都较长，第五趾退化或消失，尾椎短且数量少（图1-13b，1-15）。

悟空翼龙科是近几年在辽西晚侏罗世地层中发现的一类介于原始长尾的"喙嘴龙类"和进步短尾的翼手龙类之间的过渡翼龙类型。它们具有许多"喙嘴龙类"和翼手龙类的镶嵌特征，它们的头部首先向翼手龙类演化，如外鼻孔和眶前孔已经愈合成为大的鼻眶前孔，这是明显的翼手龙类特征；而它们的颈椎和掌骨相对加长，这几个特征都居于"喙嘴龙类"和翼手龙类之间；而其长尾和特别发育的第五趾则是明显的"喙嘴龙类"的特征（Wang et al., 2009, 2010；Lü et al., 2010a）。

翼龙的多样性不仅表现在身体构造上，也表现在体型上。目前，被普遍认可的最大的翼龙是发现于美国得克萨斯州的诺氏风神翼龙（*Quetzalcoatlus northropi*）。由于发现的标本并不完整，仅有一完整的巨大的肱骨（长52 cm）（图1-16），所以只能推测其翼展的大小，采用不同的其他翼龙属种作为参照物，得出的推测数据也不同，如参考翼手龙属，推测其翼展为11 m；参考准噶尔翼龙属（*Dsungaripterus*）和无齿翼龙属，推测其翼展将有15.5 m；依据翼龙从小到大的演化趋势，推测其翼展可达21 m，最后采取了一个折中的数据，即其翼展为15.5 m（Lawson, 1975）。但Langston（1981）认为风神翼龙属的翼展不可能达到15.5 m，通过这样的翼展推测其体重有136 kg，而这一体重是不可能有足够的肌肉来满足飞行需要的。所以，风神翼龙属的翼展最有可能的还是11～12 m。包括哈特兹

哥翼龙属（*Hatzegopteryx*）在内的许多神龙翼龙科成员也可能具有与风神翼龙属相当的翼展长度。而发现于中国辽西的森林翼龙属（*Nemicolopterus*）翼展仅有25 cm，依据其骨骼的骨化和愈合程度判断其为亚成年个体，在达到骨骼完全骨化的过程中，翼龙的体型不会有很大的增加，所以森林翼龙属被认为是达到成年个体时翼展最小的翼龙（Wang et al., 2008a）（图1-17）。

系统发育系统学（也称分支系统学或支序系统学）在研究翼龙的演化及分类中起到了越来越重要的作用，虽然目前仍然没有统一的翼龙分类方案，但是在许多类群的演化关系上已经显示了一致或相似的结果。Howse（1986）首次利用支序系统学的研究手段，基于颈椎的八个特征进行了支序系统学的研究，没有使用任何软件，得到了两个系统发育关系图。Bennett（1989）首次利用PAUP软件对19个类型（喙嘴龙属和18个翼手龙类）进行了系统发育分析。之后，Bennett（1994）扩大了他的研究矩阵，包含了27个属种和37个特征。Unwin（1995）进行了翼龙类的系统发育分析，但是没有对矩阵和结果进行详细的讨论。Kellner在其博士论文中有较为详细的矩阵及结果讨论。这些研究成果确认了"喙嘴龙类"是一个复系类群，而不是之前认为的单系类群，而翼手龙类确实属于同一个单系类群。

Kellner（2003）和Unwin（2003）最早发表了对整个翼龙目的系统发育分析结果，并对特征的选择、系统发育分析的结果进行了详尽的讨论，成为后来进行翼龙目系统

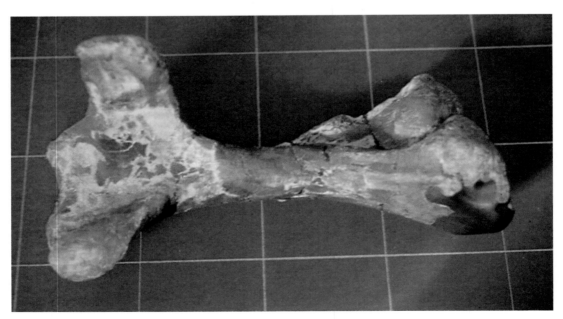

图1-16　风神翼龙属（*Quetzalcoatlus*）的肱骨　（Wellnhofer, 1991）

发育研究的最重要依据 (图 1-18, 1-19), 不过这两者之间的分析结果还是存在着一些明显的差异, 如蛙嘴翼龙类的系统发育位置等。之后的系统发育研究都是分别以其中某一个为基础, 并兼顾另一个的部分特征, 所以依然存在最初未能解决的矛盾, 如一些研究者 (Kellner, 2004; Lü et al., 2006; Andres, Ji, 2008; Wang et al., 2009, 2012, 2014a, 2014b) 主要沿用了 Kellner (2003) 的特征和矩阵, 而另外一些学者 (Unwin, Martill, 2007; Dalla Vecchia, 2009; Lü et al., 2010a, 2012a) 主要沿用了 Unwin (2003)

的特征和矩阵进行分析。Andres 等 (2010) 综合了这两者的特征和矩阵, 对非翼手龙类的成员进行了详细的系统发育分析。Andres 和 Myers (2013) 发表了利用 TNT 对整个翼龙目进行的系统发育研究, 这个研究包括了 109 个翼龙类型和 185 个特征, 其中前 31 个特征为连续变化特征, 这是连续变化特征在翼龙系统发育分析中的首次应用。Andres 等 (2014) 在之前的基础上增加了 3 个类型和 39 个特征, 其中连续特征增加了 8 个, 所得的结果也与之前两大类系统发育分析结果存在一定的差别 (图 1-20)。

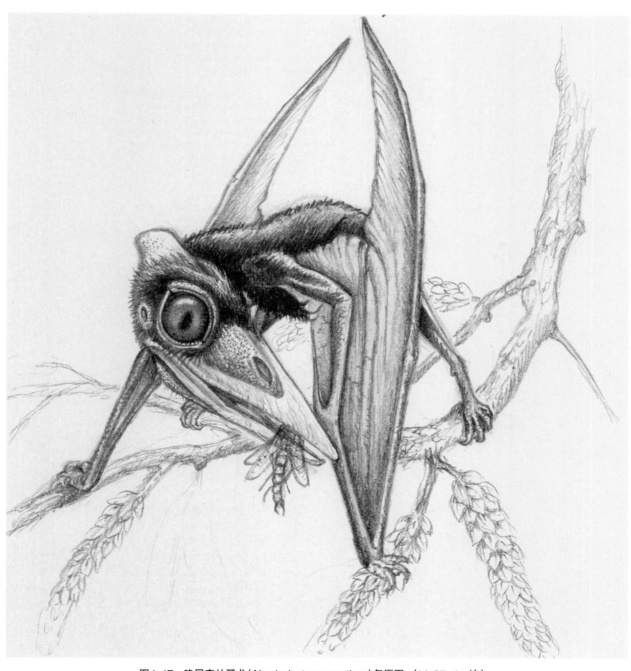

图 1-17　隐居森林翼龙 (*Nemicolopterus crypticus*) 复原图　〔M. Oliveira 绘〕

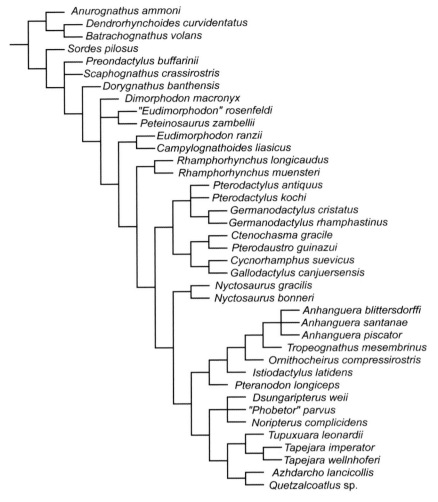

图1-18　Kellner（2003）翼龙目系统发育关系

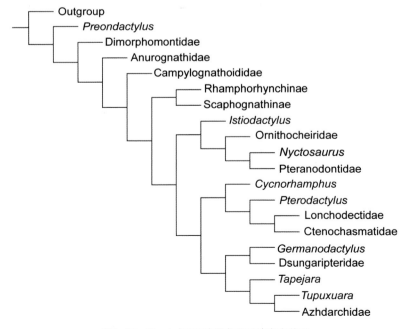

图1-19　Unwin（2003）翼龙目系统发育关系

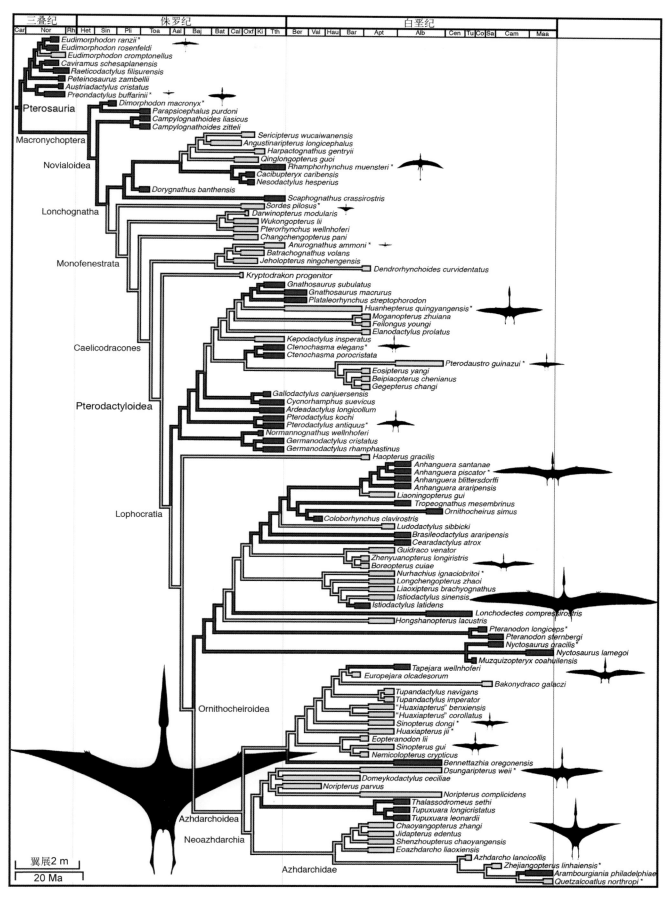

图1-20 Andres等(2014)翼龙目系统发育关系

1.4 翼龙的骨骼

翼龙作为一种演化出飞行能力的爬行动物,骨骼上显示了适应飞行的特化形态,但与鸟类和蝙蝠在飞行骨骼的结构上有着巨大的差别(图1-21),尽管翼龙的翼膜和蝙蝠比较相似,都具有前膜、翼膜(胸膜)和尾膜,尤其具有长尾的"喙嘴龙类"的尾膜比较发育,但形态上仍然有所区别。翼龙与现生的鳄鱼在骨骼上具有一定程度上的相似性和可对比性(同为爬行动物),尽管鳄鱼的骨骼结构与翼龙仍有着巨大的差别,但仍是了解翼龙骨骼结构最好的现生参考。

如同鳄鱼和其他脊椎动物,翼龙的骨骼也分为中轴骨骼和附肢骨骼。在进一步了解翼龙的骨骼特征之前,首先要了解翼龙的解剖学方位。不同于其他大多数动物的是,翼龙在不同的姿势下(飞行、站立或爬行时)骨骼的方位也不同,一般情况下,翼龙研究中所采用的是其飞行状态下的方位(图1-22)。在确定的姿势下,每个骨骼都有前部和后部,背面和腹面,以及内侧和外侧。同时,对于附肢骨骼,距离中轴较近的为近端,距离中轴较远的为远端。

在翼龙的研究中,头部骨骼是最重要的部分(图1-23)。翼龙中颅表面具有一些常见的大孔,包括了四足类头骨中常见的枕骨大孔、眼眶、外鼻孔和内鼻孔,还有双孔型爬行动物中的上颞孔和下颞孔。在单孔翼龙类中,眼眶和外鼻孔会愈合成单独的鼻眶前孔;而在部分类型中,还具有眶下孔,如准噶尔翼龙属(杨钟健,1964)等。

依据《扬子鳄大体解剖》一书中头部骨骼的分类(丛林玉等,1998),头部骨骼包括脑颅、咽颅及舌弓。脑颅部分有脑颅本部的外枕骨、外耳骨、上枕骨、基枕骨、基蝶骨、侧蝶骨、眶间骨、顶骨、额骨、前额骨、眶上骨和鳞骨;耳囊的前耳骨;鼻囊的鼻骨和犁骨;眶周围的泪骨、眶后骨和骨化的巩膜环。咽颅部分有上颌的腭骨、翼骨、外翼骨、方骨、前上颌骨、上颌骨、轭骨和方轭骨;下颌的关节骨、上隅骨、隅骨、齿骨、夹板骨和前关节骨(也称冠状骨)。舌弓部分有镫骨(也称耳柱骨)和舌骨。

图1-21　三类飞行脊椎动物翅膀对比　a. 蝙蝠;b. 鸟;c. 翼龙。红色为肱骨,蓝色为尺桡骨,绿色为掌骨和指骨,灰色为翼膜。(修改自Wellnhofer, 1991)

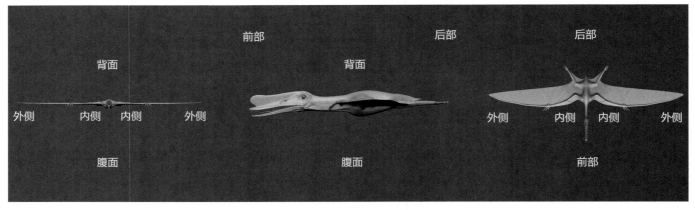

图1-22　天山哈密翼龙(*Hamipterus tianshanensis*)三视图　显示翼龙研究时采用的方位。(引自《中国古脊椎动物志》第二卷,2017)

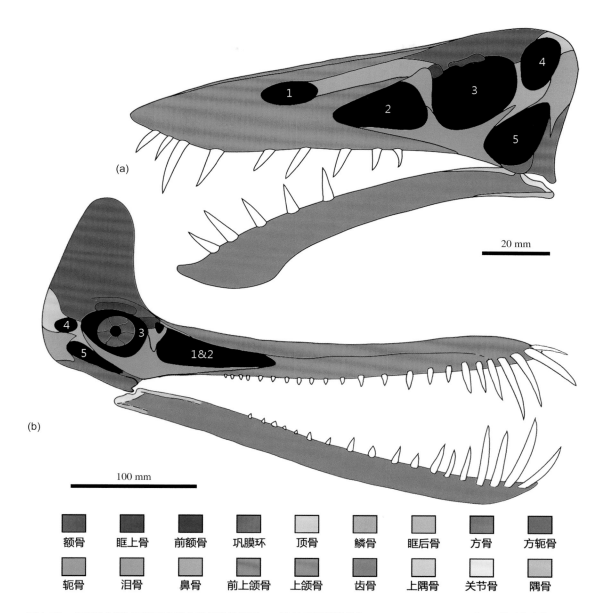

图1-23 "喙嘴龙类"和翼手龙类头部骨骼示意图 a. 强壮建昌颌翼龙（*Jianchangnathus robustus*）；b. 猎手鬼龙（*Guidraco venator*）。黑色为头部较明显的大孔：1. 鼻孔；2. 眶前孔；1&2. 鼻眶前孔（鼻孔和眶前孔愈合而成）；3. 眼眶；4. 上颞孔；5. 下颞孔。（引自《中国古脊椎动物志》第二卷，2017）

翼龙的牙齿变化和分异较大（图1-24），特别是在较为进步的翼手龙亚目中，从许多无齿的类型，到具有近千枚细长牙齿的类型，牙齿的不同与分化与其食性密切相关。翼龙的牙齿多为单型齿，仅有少数类群有牙齿简单的分异，如北方翼龙科（Jiang et al., 2014）和一些非翼手龙类成员，如真双型齿翼龙属（Wellnhofer, 2003）。翼龙的牙齿具有替换齿。

颅后中轴骨骼包括了椎骨、胸骨和肋骨等部分（图1-25）。翼龙9枚颈椎的观点已经基本被接受，最后一枚颈椎在形态上趋近于背椎（Averianov, 2010；Bennett,

2014）；背椎在一些进步类群中可愈合成联合背椎，且背椎神经棘愈合成板状，并与肩胛骨相关节，如准噶尔翼龙属（杨钟健，1964）；荐椎的横突明显向后倾斜而与背椎相区别，数量在5枚左右，在个体发育过程中可愈合成联合荐椎，并与腰带愈合；尾椎在翼龙中有明显的两极分化，原始的非翼手龙类尾椎数量多，单个椎体加长，并有加长的关节突和脉弧；而在翼手龙类中尾椎数量少而长度短。胸骨上的乌喙骨关节窝呈左右分布或者前后分布，胸骨有龙骨突，但不如鸟类发育。

附肢骨骼包括了带骨和肢骨。带骨有肩带和腰带，在

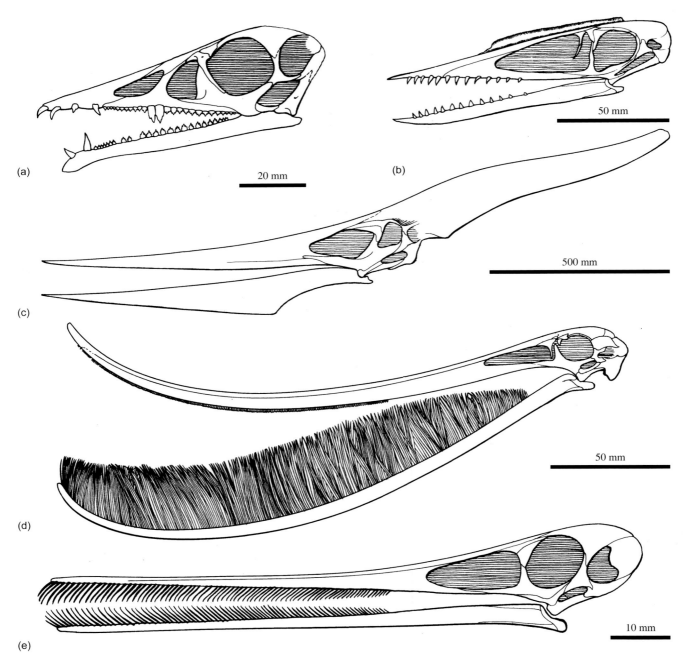

图1-24　多种多样的翼龙牙齿　a. 真双型齿翼龙属（*Eudimorphodon*）；b. 德国翼龙属（*Germanodactylus*）；c. 无齿翼龙属（*Pteranodon*）；d. 南方翼龙属（*Pterodaustro*）；e. 颌翼龙属（*Gnathosaurus*）。（修改自 Wellnhofer, 1978）

翼龙的肩带中包括了乌喙骨和肩胛骨，这两块骨骼会在个体发育过程中愈合成肩胛乌喙骨，无锁骨；腰带包括了肠骨、坐骨、耻骨和前耻骨，前三块骨骼在个体发育过程中会愈合在一起。前耻骨是翼龙独有的一对骨骼，位于耻骨之前，其近端与耻骨不完全愈合，前耻骨的形态变化较大。

　　翼龙的肢骨有属于前肢的肱骨、尺骨、桡骨、腕骨、翅骨、掌骨和指骨。翅骨是翼龙所特有的骨骼，但这一骨骼与腕骨还是掌骨同源还没有定论（Unwin et al., 1996）；

翼龙的第四掌骨也称翼掌骨，第四指骨也称翼指骨，翼掌骨和翼指骨都有明显加长加粗的现象；翼龙的肱骨通常都有十分发育的三角肌脊，这与附着飞行肌肉有关（Bennett, 2003）（图1-26）。还有属于后肢的股骨、胫骨、腓骨、跗骨、距骨和趾骨（图1-27）。翼龙的第五趾在翼手龙类中都明显退化缩短，甚至消失，而在非翼手龙类中则十分加长，并且第二趾节呈现出直的、弯曲、回旋镖形等多种形态，这可能与其飞行中调节尾膜形态有关。

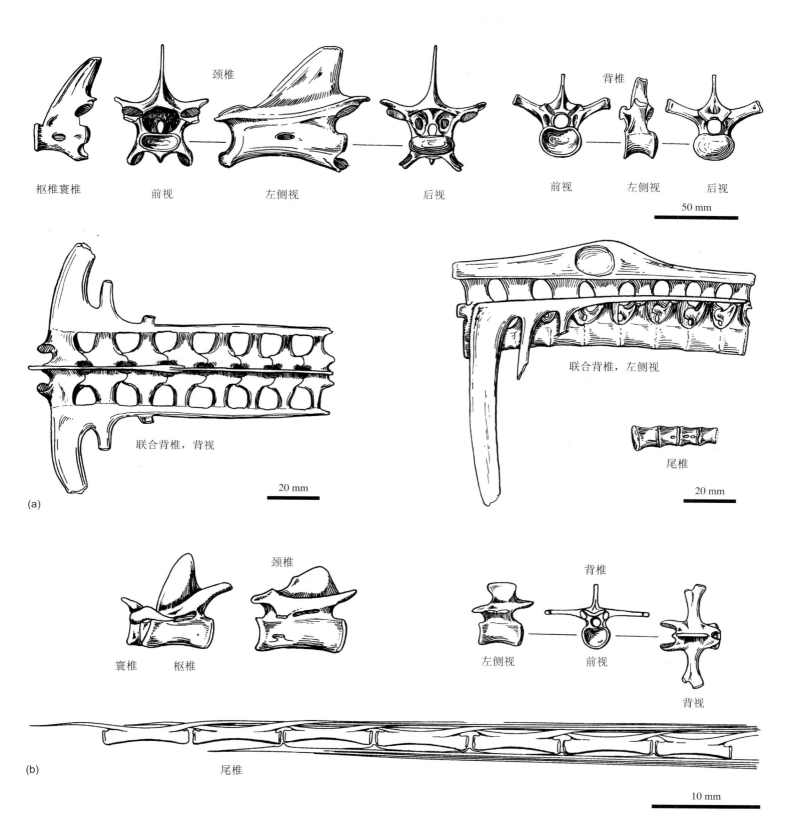

图 1-25　翼龙的椎体　a. 无齿翼龙属（*Pteranodon*）；b. 喙嘴龙属（*Rhamphorhynchus*）。（修改自 Wellnhofer, 1978）

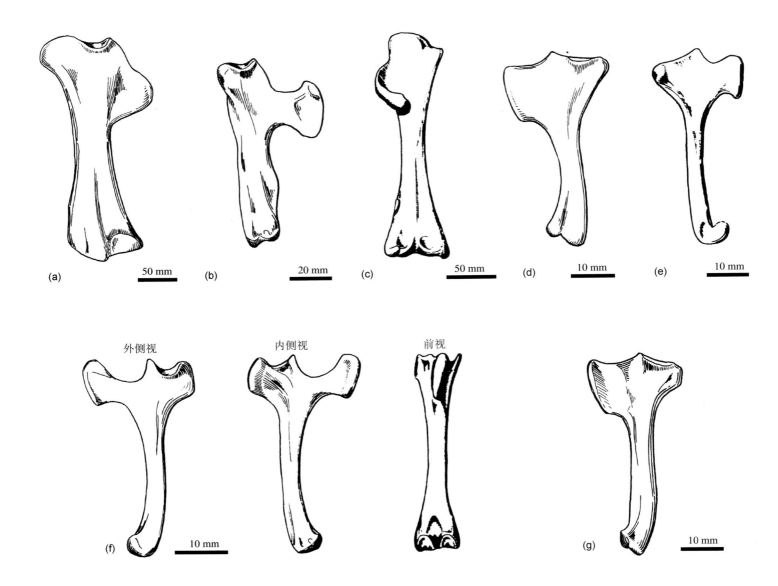

图1-26 翼龙的肱骨 a. 无齿翼龙属（*Pteranodon*）; b. 夜翼龙属（*Nyctosaurus*）; c. 帆翼龙属（*Istiodactylus*）; d. 真双型齿翼龙属（*Eudimorphodon*）; e. 岛翼龙属（*Nesodactylus*）; f. 喙嘴龙属（*Rhamphorhynchus*）; g. 曲颌形翼龙属（*Campylognathoides*）。（修改自 Wellnhofer, 1978）

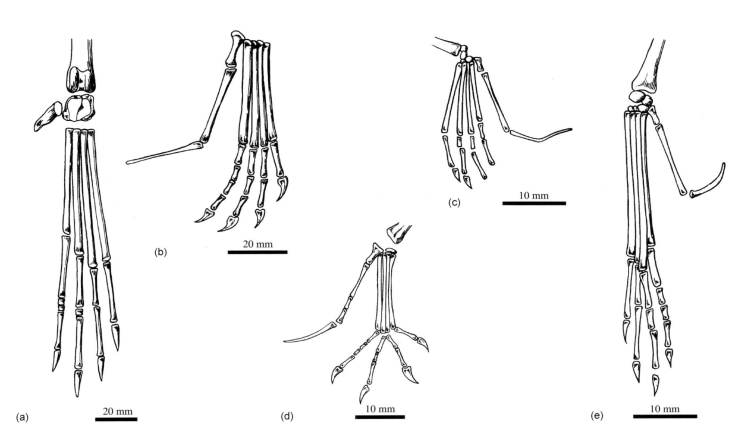

图 1-27 翼龙的脚 a. 无齿翼龙属 (*Pteranodon*); b. 双型齿翼龙属 (*Dimorphodon*); c. 掘颌翼龙属 (*Scaphognathus*); d. 蛙嘴翼龙属 (*Anurognathus*); e. 喙嘴龙属 (*Rhamphorhynchus*)。(Wellenhofer, 1978)

努尔哈赤翼龙（*Nurhachius*）复原图 （赵闯 绘）

2 中国的翼龙化石

2.1 中国的翼龙研究历史

山东莱阳是中国著名的恐龙和恐龙蛋化石产地（图2-1），同时也是中国第一件翼龙化石的产地。该地区发育的下白垩统青山群——厚度巨大的火山-河湖相沉积，产出了龟鳖类、翼龙类、鹦鹉嘴龙和蜥脚类恐龙。杨钟健（1958）报道了山东莱阳青山群发现的一批脊椎动物化石，其中一些破碎的骨骼化石"比较细而长，中空隙特大，骨皮特薄。所有各骨都显得特别直，尤其是那一股骨没有鸟骨那么弯曲。细长的程度，以及其性质，令人很难以进一步与虚骨龙或鸟类相比较。但另一方面，就这些骨骼所表示的性质看，如以之归于飞龙，特别是翼手龙亚目。"（图2-2）。然而，出于严谨的科学态度，杨钟健并没有马上对这些标本下结论和命名，而是把它们归入于尚未确定的标本之一。直到1964年在新疆乌尔禾地区的下白垩统吐谷鲁群发现了相对完整的魏氏准噶尔翼龙

（*Dsungaripterus weii*）（图2-3）之后，杨钟健才确认了这些莱阳的标本属于翼龙类，并且归入了翼手龙类（杨钟健，1964）。

20世纪80年代以来，陆续在我国甘肃、四川、浙江发现了一些翼龙化石。董枝明（1982）报道了产于鄂尔多斯盆地下白垩统志丹群环河组湖相沉积中的庆阳环河翼龙（*Huanhepterus qiungyangensis*）（图2-4），属于梳颌翼龙科。梳颌翼龙类的成员在亚洲、欧洲、南美洲等都有分布，除了欧洲晚侏罗世的梳颌翼龙属（*Ctenochasma*）的几个成员以外，我国的热河生物群梳颌翼龙类的多个属种，以及南美洲的南方翼龙，都产自早白垩世的地层。何信禄等（1983）报道了产于四川自贡大山铺中侏罗统下沙溪庙组的长头狭鼻翼龙（*Angustinaripterus longicephalus*），由于其外鼻孔特别细长而得名。长头狭鼻翼龙是蜀龙动物群的成员之一，同时也是中国发现的唯一的中侏罗世翼龙。蔡正全和

图2-1 山东莱阳晚白垩世鸭嘴龙动物群恐龙生态复原图 （赵闯 绘）

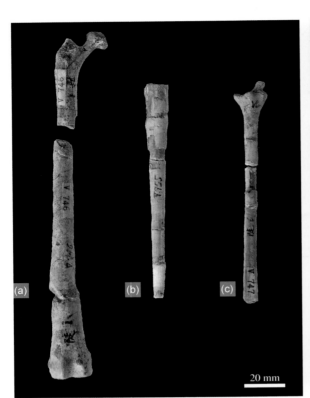

图2-2　杨钟健在莱阳发现的翼龙化石，是中国首次发现的翼龙化石　a. 股骨；b. 尺骨；c. 第一翼指骨。

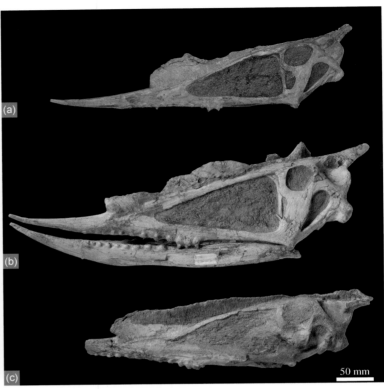

图2-3　魏氏准噶尔翼龙（*Dsungaripterus weii*）　a. 未成年个体（IVPP V 4063）；b. 成年个体（IVPP V 4064）；c. 老年个体（IVPP V 4065）。（修改自《中国古脊椎动物志》第二卷，2017）

魏丰（1994）报道了产自浙江临海上盘上白垩统塘上组的临海浙江翼龙（*Zhejiangopterus linhaiensis*），是我国发现的时代最晚的翼龙类。这一翼龙最初被认为属于夜翼龙科（Nyctosauridae），后来依据其极度加长的颈椎，将其归入神龙翼龙科。我们曾对临海浙江翼龙的产出层位做同位素测年（图2-5），得出的结果（89.98±0.61 Ma）显示属于晚白垩世早期，与同属神龙翼龙科的产自北美的风神翼龙属（*Quetzalcoatlus*）时代相当（汪筱林等，2014）。

图2-4　庆阳环河翼龙（*Huanhepterus qiungyangensis*）正型标本头骨（IVPP V 9070）（董枝明，1982）

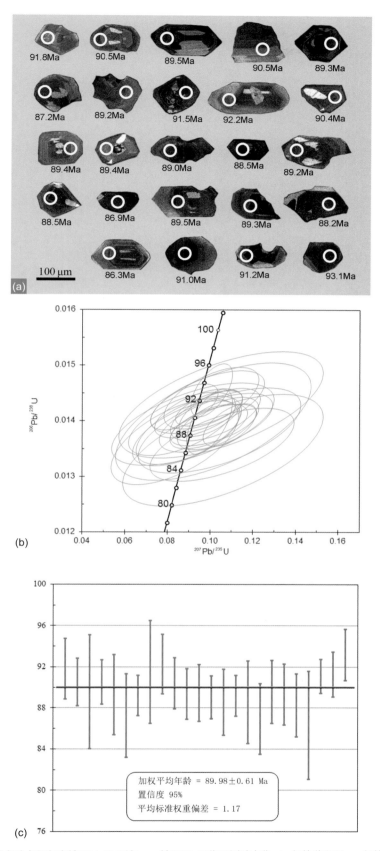

图2-5　浙江临海上盘浙江翼龙地点凝灰岩锆石U-Pb测年　a. 锆石CL图像及测试点位；b. 年龄谐和图；c. 年龄加权平均图。(汪筱林等,2014)

表2-1　中国辽西发现的翼龙属种

时代	翼龙名	学名	科	产地	层位	命名人及年代
早白垩世	董氏中国翼龙	*Sinopterus dongi*	古神翼龙科	辽宁朝阳东大道	九佛堂组	Wang et Zhou, 2002
	谷氏中国翼龙	*Sinopterus gui*	古神翼龙科	辽宁朝阳胜利	九佛堂组	Li, Lü et Zhang, 2003
	季氏中国翼龙	*Sinopterus jii*	古神翼龙科	辽宁朝阳联合	九佛堂组	Lü et Yuan, 2005
	具冠中国翼龙	*Sinopterus corollatus*	古神翼龙科	辽宁朝阳	九佛堂组	Lü, Jin, Unwin, Zhao, Azuma et Ji, 2006
	本溪中国翼龙	*Sinopterus benxiensis*	古神翼龙科	辽宁朝阳联合	九佛堂组	Lü, Gao, Xing, Li et Ji, 2007
	张氏朝阳翼龙	*Chaoyangopterus zhangi*	朝阳翼龙科	辽宁朝阳大平房	九佛堂组	Wang et Zhou, 2003
	辽西始神龙翼龙	*Eoazhadarcho liaoxiensis*	朝阳翼龙科	辽宁朝阳	九佛堂组	Lü et Ji, 2005
	李氏始无齿翼龙	*Eopteranodon lii*	朝阳翼龙科	辽宁朝阳	九佛堂组	Lü et Zhang, 2005
	无齿吉大翼龙	*Jidapterus edentus*	朝阳翼龙科	辽宁朝阳	九佛堂组	Dong, Sun et Wu, 2003
	朝阳神州翼龙	*Shenzhoupterus chaoyangensis*	朝阳翼龙科	辽宁朝阳	九佛堂组	Lü, Unwin, Xu et Zhang, 2008
	顾氏辽宁翼龙	*Liaoningopterus gui*	古魔翼龙科	辽宁朝阳联合	九佛堂组	Wang et Zhou, 2003
	布氏努尔哈赤翼龙	*Nurhachius ignaciobritoi*	帆翼龙科	辽宁朝阳大平房	九佛堂组	Wang, Kellner, Zhou et Campos, 2005
	短颌辽西翼龙	*Liaoxipterus brachyoganthus*	帆翼龙科	辽宁朝阳大平房	九佛堂组	Dong et Lü, 2005
	中国帆翼龙	*Istiodactylus sinensis*	帆翼龙科	辽宁朝阳大平房	九佛堂组	Andres et Ji, 2006
	赵氏龙城翼龙	*Longchengpterus zhaoi*	帆翼龙科	辽宁朝阳大平房	九佛堂组	Wang, Li, Duan et Cheng, 2006
	湖泊红山翼龙	*Hongshanopterus lacustris*	帆翼龙科	辽宁朝阳大平房	九佛堂组	Wang, Campos, Zhou et Kellner, 2008
	隐居森林翼龙	*Nemicolopterus crypticus*	科未定	辽宁建昌要路沟	九佛堂组	Wang, Kellner, Zhou et Campos, 2008
	猎手鬼龙	*Guidraco venator*	科未定	辽宁凌源四合当	九佛堂组	Wang, Kellner, Jiang et Cheng, 2012
	朱氏莫干翼龙	*Moganopterus zhuiana*	科未定	辽宁建昌小三家子	九佛堂组	Lü, Pu, Xu, Wu et Wei, 2012
	弯齿树翼龙	*Dendrorhynchoides curvidentatus*	蛙嘴翼龙科	辽宁北票四合屯	义县组	Ji et Ji, 1998
	秀丽郝氏翼龙	*Haopterus gracilis*	翼手龙科	辽宁北票四合屯	义县组	Wang et Lü, 2001
	杨氏东方翼龙	*Eosipterus yangi*	梳颌翼龙科	辽宁北票四合屯	义县组	Ji et Ji, 1997
	陈氏北票翼龙	*Beipiaopterus chenianus*	梳颌翼龙科	辽宁北票团山沟	义县组	Lü, 2003
	葛氏震旦翼龙	*Cathayopterus grabaui*	梳颌翼龙科	辽宁凌源范杖子	义县组	Wang et Zhou, 2006
	长指鸢翼龙	*Elanodactylus prolatus*	梳颌翼龙科	辽宁北票四合屯	义县组	Andres et Ji, 2008
	邱氏滤齿翼龙	*Pterofiltrus qiui*	梳颌翼龙科	辽宁北票张家沟	义县组	Jiang et Wang, 2011

（续表）

时代	翼龙名	学名	科	产地	层位	命名人及年代
早白垩世	张氏格格翼龙	*Gegepterus changae*	硫颌翼龙科	辽宁北票四合屯	义县组	Wang, Kellner, Zhou et Campos, 2007
	杨氏飞龙	*Feilongus youngi*	?高卢翼龙科	辽宁北票黑蹄子沟	义县组	Wang, Kellner, Zhou et Campos, 2005
	金刚山剑头翼龙	*Gladocephaloideus jingangshanensis*	高卢翼龙科	辽宁义县金刚山	义县组	Lü, Ji, Wei et Liu, 2012
	崔氏北方翼龙	*Boreopterus cuiae*	北方翼龙科	辽宁北票四合屯	义县组	Lü et Ji, 2005
	长吻振元翼龙	*Zhenyuanopterus longirostris*	北方翼龙科	辽宁北票黄半吉沟	义县组	Lü, 2010
	金刚山义县翼龙	*Yixianopterus jingangshanensis*	科未定	辽宁义县金刚山	义县组	Lü, Ji, Yuan, Gao, Sun et Ji, 2006
	刘氏宁城翼龙	*Ningchengopterus liuae*	科未定	内蒙古宁城柳条沟	义县组	Lü, 2009
晚侏罗世	宁城热河翼龙	*Jeholopterus ningchengensis*	蛙嘴翼龙科	内蒙古宁城道虎沟	道虎沟组	Wang, Zhou, Zhang et Xu, 2002
	木头凳树翼龙	*Dendrorhynchoides mutoudengensis*	蛙嘴翼龙科	河北青龙木头凳	道虎沟组	Lü et Hone, 2012
	威氏翼手喙龙	*Pterorhynchus wellnhoferi*	喙嘴龙科	内蒙古宁城道虎沟	道虎沟组	Czerkas et Ji, 2002
	郭氏青龙翼龙	*Qinglongopterus guoi*	喙嘴龙科	河北青龙木头凳	道虎沟组	Lü, Unwin, Zhao, Gao et Shen, 2012
	强壮建昌颌翼龙	*Jianchangnathus robustus*	掘颌翼龙科	辽宁建昌玲珑塔	道虎沟组	Cheng, Wang, Jiang et Kellner, 2012
	李氏悟空翼龙	*Wukongopterus lii*	悟空翼龙科	辽宁建昌玲珑塔	道虎沟组	Wang, Kellner, Jiang et Meng, 2009
	模块达尔文翼龙	*Darwinopterus modularis*	悟空翼龙科	辽宁建昌玲珑塔	道虎沟组	Lü, Unwin, Jin, Liu et Ji, 2010
	玲珑塔达尔文翼龙	*Darwinopterus linglongtaensis*	悟空翼龙科	辽宁建昌玲珑塔	道虎沟组	Wang, Kellner, Jiang, Cheng, Meng et Rodrigues, 2010
	强齿达尔文翼龙	*Darwinopterus robustodens*	悟空翼龙科	辽宁建昌玲珑塔	道虎沟组	Lü, Xu, Chang et Zhang, 2011
	中国鲲鹏翼龙	*Kunpengopterus sinensis*	悟空翼龙科	辽宁建昌玲珑塔	道虎沟组	Wang, Kellner, Jiang, Cheng, Meng et Rodrigues, 2010
	潘氏长城翼龙	*Changchengopterus pani*	悟空翼龙科	辽宁建昌玲珑塔和河北青龙木头凳	道虎沟组	Lü, 2009
	赵氏建昌翼龙	*Jianchangopterus zhaoianus*	悟空翼龙科	辽宁建昌玲珑塔	道虎沟组	Lü et Bo, 2011
	李氏凤凰翼龙	*Fenghuangopterus lii*	科未定	辽宁建昌玲珑塔	道虎沟组	Lü, Fucha et Chen, 2010
	娇小道虎沟翼龙	*Daohugoupterus delicatus*	科未定	内蒙古宁城道虎沟	道虎沟组	Cheng, Jiang, Wang et Kellner, 2015

自从姬书安和季强 (1997) 报道了产自辽宁北票下白垩统义县组的杨氏东方翼龙 (*Eosipterus yangi*) (图2-6) 之后，中国辽西成为世界上著名的翼龙化石宝库，到目前为止已经发现了超过40个翼龙属种 (表2-1)，同时还有很多非常重要的发现，如软组织保存最好的翼龙化石——宁城热河翼龙 (*Jeholopterus ningchengensis*) (Wang et al., 2002)，世界上第一枚翼龙蛋化石 (Wang, Zhou, 2004) (图2-7)，世界上已发现的体型最小的翼龙——隐居森林翼龙 (Wang et al., 2008a) (图2-8)，以及介于"喙嘴龙类"和翼手龙类之间的过渡类型——悟空翼龙科 (Wang et al., 2009) 等。最近，除了辽西之外，在新疆也有新的重大发现。在新疆哈密下白垩统吐谷鲁群中发现了天山哈密翼龙 (*Hamipterus tianshanensis*)，大量雌性和雄性个体以及它们的蛋呈三维立体状态保存在一起 (Wang et al., 2014a) (图2-9)。

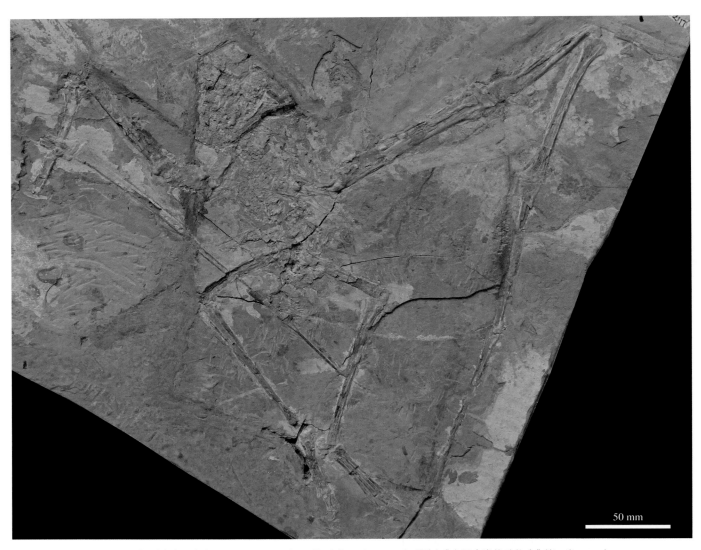

50 mm

图2-6　杨氏东方翼龙 (*Eosipterus yangi*) 正型标本 (GMC V2117) (引自《中国古脊椎动物志》第二卷, 2017)

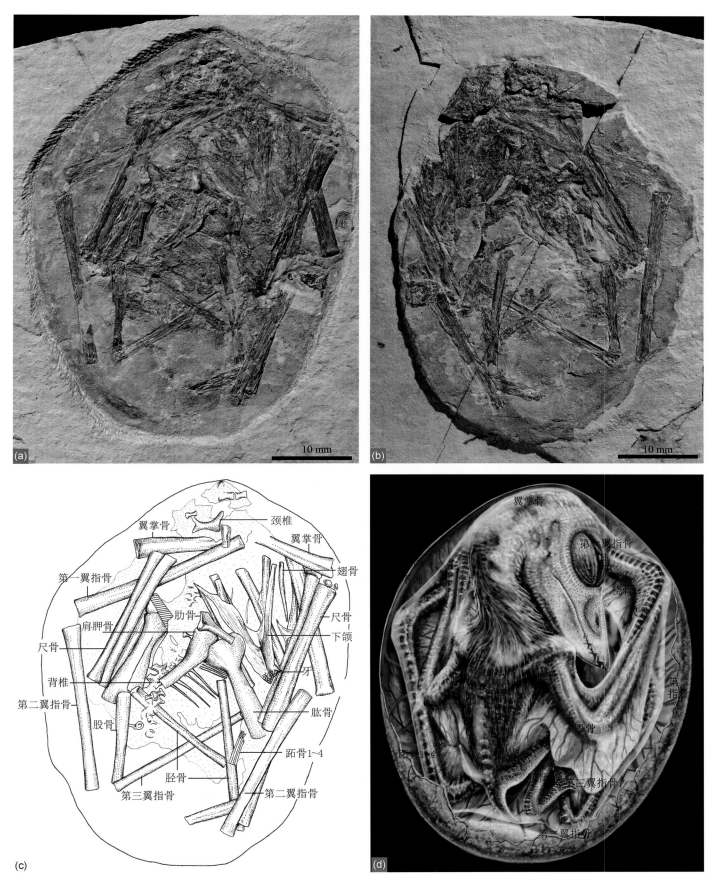

图2-7 世界上发现的第一枚翼龙胚胎化石（IVPP V 13758） a,c. 化石正面及线条图；b. 化石负面；d. 复原图（张宗达绘）。（修改自 Wang, Zhou, 2004）

图 2-8　隐居森林翼龙（*Nemicolopterus crypticus*）正型标本（IVPP V 14377）(a)及线条图(b)（修改自 Wang et al., 2008a）

图2-9 天山哈密翼龙（*Hamipterus tianshanensis*）生态复原图 （M. Oliveira 绘）

2.2 热河生物群的翼龙化石

热河生物群的翼龙化石产地主要集中在辽宁西部及与其相邻的冀北等地区，辽西地区较为著名的一些化石地点包括北票四合屯、朝阳上河首和大平房、义县金刚山、凌源大王杖子和四合当、建昌肖台子等（图2-10）。近年来，许多新的翼龙化石在一些新的地点被发现，我们对这些地点进行了野外考察以及生物地层学和年代学方面的研究工作，初步建立了热河生物群翼龙的地层层序与时代框架（汪筱林等，2014）。脊椎动物化石主要产自下白垩统热河群，包括底部的大北沟组（主要分布在冀北地区），下部的义县组和上部的九佛堂组，是一套富含脊椎动物化石的陆相河湖相地层。大北沟组为河湖相沉积，已知的同位素年龄为131 Ma（He et al., 2006），而目前已记述的翼龙化石全部来自义县组和九佛堂组以湖相页岩为主的沉积中。

义县组沉积时期的火山活动非常强烈，其沉积特征是玄武岩等熔岩和湖相沉积互层，从下至上可以分为底部陆家屯层（段）、下部尖山沟层（段）、中部大王杖子层（段）和上部的金刚山层（段）等四个主要化石层位（图2-11）（汪筱林等，1999；汪筱林，2001；Wang, Zhou, 2003），同位素年龄范围为125～121 Ma（Swisher et al., 1999；Swisher等，2001；He et al., 2004a；Smith et al., 2005）。中国科学院古脊椎动物与古人类研究所自1997年以来对义县组陆家屯层和尖山沟层的四合屯、张家沟、尖山沟等地点进行了详细的考察和大规模发掘，发现并采集了大量脊椎动物化石（图2-12）。义县组发现的翼龙类群主要以古翼手龙类为代表，有梳颌翼龙类的张氏格格翼龙（*Gegepterus changae*）（Wang et al., 2007；Jiang, Wang, 2011a）、葛氏震旦翼龙（*Cathayopterus grabaui*）（汪筱林，周忠和，2006）、邱氏滤齿翼龙（*Pterofiltrus qiui*）（Jiang,

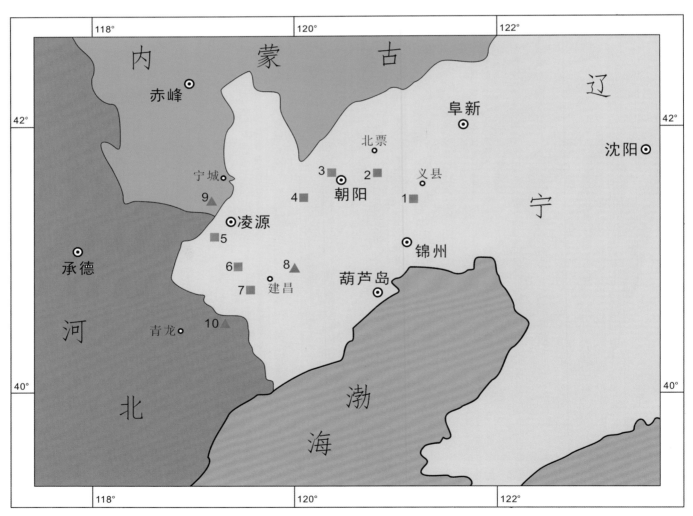

图2-10 辽西翼龙化石产地地理位置图 热河生物群（■）：1. 金刚山；2. 四合屯；3. 上河首；4. 大平房；5. 大王杖子；6. 四合当；7. 肖台子；燕辽生物群（▲）：8. 玲珑塔；9. 道虎沟；10. 木头凳。

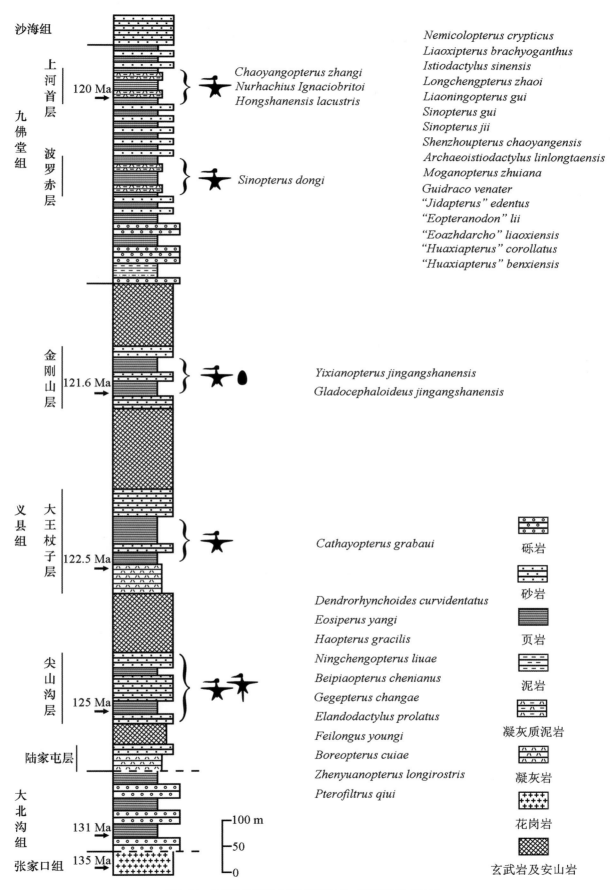

图2-11 热河生物群翼龙化石产出层位 （汪筱林等，2014）

图2-12 辽宁北票四合屯义县组发掘剖面（a）和凌源大王杖子义县组地点（b）

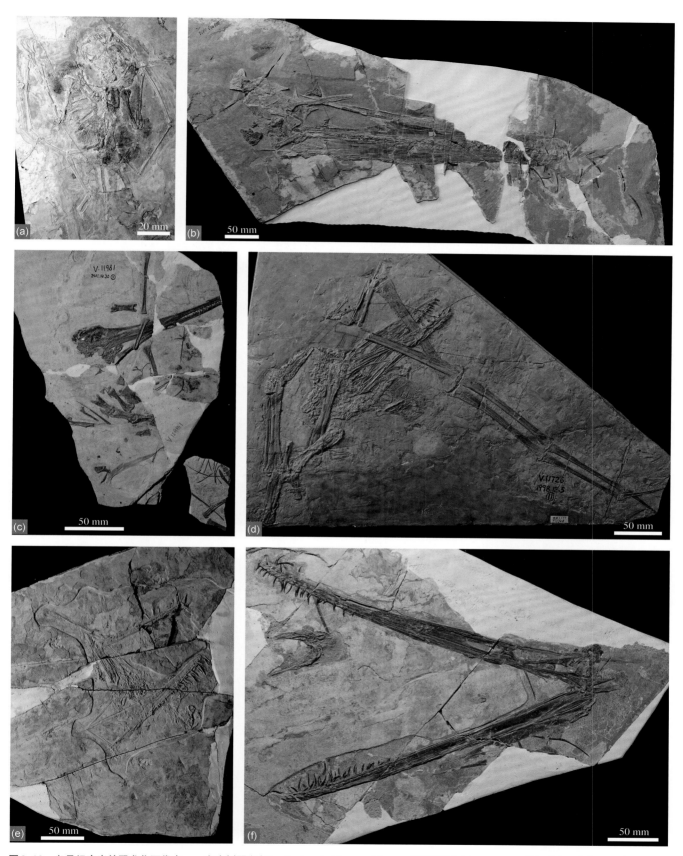

图2-13 义县组产出的翼龙化石代表 a. 弯齿树翼龙（*Dendrhynchoides curvidentatus*）正型标本（GMC V2128）（姬书安，季强，1998）；b. 巨大北方翼龙（*Boreopterus gigantisms*）正型标本（IVPP V 14588）（Jiang et al., 2014）；c. 张氏格格翼龙（*Gegepterus changae*）正型标本（IVPP V 11981）（Wang et al., 2007）；d. 秀丽郝氏翼龙（*Haopterus gracilis*）正型标本（IVPP V 11726）（Wang, Lü, 2001）；e. 邱氏滤齿翼龙（*Pterofiltrus qiui*）正型标本（IVPP V 12339）（Jiang, Wang, 2011b）；f. 杨氏飞龙（*Feilongus youngi*）正型标本（IVPP V 12539）（Wang et al., 2005）。

Wang, 2011b) 和长指鸢翼龙 (*Elanodactylus prolatus*) (Andres, Ji, 2008) 等, 还有高卢翼龙类的杨氏飞龙 (*Feilongus youngi*) (Wang et al., 2005) 和金刚山剑头翼龙 (*Gladocephaloideus jingangshanensis*) (Lü et al., 2012b), 翼手龙类的秀丽郝氏翼龙 (*Haopterus gracilis*) (Wang, Lü, 2001), 北方翼龙类的崔氏北方翼龙 (*Boreopterus cuiae*) (Lü, Ji, 2005) 和长吻振元翼龙 (*Zhenyuanopterus longirostris*) (Lü, 2010), 以及蛙嘴翼龙科的弯齿树翼龙 (*Dendrorhynchoides curvidentatus*) (姬书安, 季强, 1998) 等 (图2-13)。在义县组不仅有翼龙的骨骼化石, 还发现含有胚胎的翼龙蛋化石。到目前为止, 世界上发现的含有胚胎的翼龙蛋仅有三枚, 其中有两枚就产自义县组上部的金刚山层 (Wang, Zhou, 2004; Ji et al., 2004; Chiappe et al., 2004)。

义县组的翼龙组合与以德国索伦霍芬为代表的欧洲翼龙组合具有可比性, 如这两个地区分别有蛙嘴翼龙科的树翼龙 (姬书安, 季强, 1998) 和蛙颌翼龙 (Döderlein,

1923)、翼手龙类的郝氏翼龙 (Wang, Lü, 2001) 和翼手龙 (Bennett, 2013), 梳颌翼龙科的格格翼龙 (Wang et al., 2007) 和梳颌翼龙 (Bennett, 2007a), 以及高卢翼龙科的飞龙 (Wang et al., 2005) 和鹅喙翼龙 (Bennett, 1996b) 等。有研究者认为, 由于欧洲的翼龙组合中除蛙嘴翼龙科外还有其他原始的"喙嘴龙类"成员, 而义县组的翼龙组合中除了蛙嘴翼龙科成员还没有发现其他"喙嘴龙类"成员, 因此义县组的翼龙组合比欧洲的翼龙组合进步, 其可能是由欧洲的翼龙辐射演化而来 (汪筱林, 周忠和, 2006)。然而, 近年来的研究显示, 在分布范围相同而时代稍早于热河生物群的燕辽生物群中, 也存在包括蛙嘴翼龙科在内的其他原始的"喙嘴龙类"成员 (Lü, Bo, 2011; Lü, Hone, 2012; Cheng et al., 2012, 2015; Jiang et al., 2015)。中国和欧洲的翼龙组合之间的演化关系, 需要进一步的研究。

九佛堂组沉积厚度较大, 可达1 000多米。这一时期的火山活动相对较弱, 地层中的火山纪录主要为凝灰岩

图2-14　朝阳东大道G25高速公路边九佛堂组剖面

夹层 (图 2-14)。根据上河首、波罗赤、大平房和喇嘛洞等地区九佛堂组剖面实测和详细野外观察,九佛堂组可以分为三段,脊椎动物化石等主要富集在上部的第三段中。有两个主要的化石层,即下部的波罗赤层和上部的上河首层 (图 2-11),这两个化石层在朝阳上河首剖面上都有出露。中国科学院古脊椎动物与古人类研究所曾在 2000—2005 年对上河首的两个化石富集层位 (主要是上部层位) 进行发掘,并于 1991—1992 年和 2004—2005 年,分别对下部层位的波罗赤地点和上部层位的大平房地点进行大规模发掘,采集了大量脊椎动物化石 (图 2-15, 2-16)。上河首剖面凝灰岩的 ^{39}Ar—^{40}Ar 同位素测年结果显示这一地区的九佛堂组绝对年龄为 120 Ma (He et al., 2004a),时代为早白垩世阿普特期 (Aptian)。

自从 1934 年日本学者远藤隆次在辽宁西部的喀左九佛堂村剖面建立了九佛堂组以来 (杨欣德,李星云,1997),在西部的剖面上除了鱼类之外,没有发现其他的脊椎动物化石。而在相对中部的朝阳上河首、波罗赤

和大平房一带,以及东部的义县吴家屯和西二虎桥等地区的九佛堂组中,有大量重要的脊椎动物化石被发现 (Chang et al., 2003)。然而,近几年来,随着建昌喇嘛洞地区肖台子等化石地点的相继发现,使得九佛堂组的西部剖面上也产出了大量脊椎动物化石。不仅在生物组合面貌上,东西部的九佛堂组可以对比,在年代学上两者同样一致。我们对西部的建昌肖台子剖面上的凝灰岩进行了 U–Pb 同位素测年,显示这一地点的九佛堂组年龄同样是 120 Ma。并发现在地层层序、化石组合面貌和同位素年龄等三个方面,九佛堂组东部与西部盆地相吻合。

九佛堂组产出的重要翼龙化石有古神翼龙类的董氏中国翼龙 (*Sinopterus dongi*) (汪筱林,周忠和,2002),古魔翼龙类的顾氏辽宁翼龙 (*Liaoningopterus gui*) (Wang, Zhou, 2003) 和分类位置还存在争议的张氏朝阳翼龙 (*Chaoyangopterus zhangi*) (Wang, Zhou, 2003) 等,帆翼龙类的布氏努尔哈赤翼龙 (*Nurhachius ignaciobritoi*) (Wang

图 2-15　2005 年科学家们在辽宁朝阳大平房发掘现场发现一件翼龙化石　由左到右:陈旭、戎嘉余、A. Kellner、周忠和、汪筱林。

图2-16　2005年在朝阳大平房原家洼九佛堂组进行化石发掘采集　a.发掘现场；b.化石采集；c.化石层位记录。

et al., 2005)、湖泊红山翼龙 (*Hongshanopterus lacustris*) (Wang et al., 2008b)、中国帆翼龙 (*Istiodactylus sinensis*) (Andres, Ji, 2006) 等, 以及近年来发现的化石地点如凌源四合当发现的猎手鬼龙 (*Guidraco venator*) (Wang et al., 2012) 和朱氏莫干翼龙 (*Moganopterus zhuiana*) (Lü et al., 2012a) 等 (图2-17)。

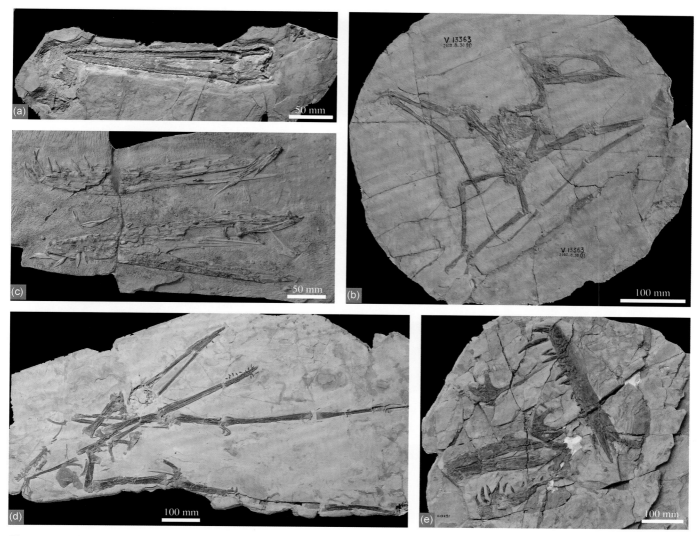

图2-17　九佛堂组产出的翼龙化石代表　a. 湖泊红山翼龙（*Hongshanopterus lacustris*）正型标本（IVPP V 14582）（Wang et al., 2008b）；b. 董氏中国翼龙（*Sinopterus dongi*）正型标本（IVPP V 13363）（汪筱林，周忠和，2002）；c. 珍妮林龙翼龙（*Linlongopterus jennyae*）正型标本（IVPP V 15549）（Rodriguse et al., 2015）；d. 布氏努尔哈赤翼龙（*Nurhachius ignaciobritoi*）正型标本（IVPP V 13288）（Wang et al., 2005）；e. 顾氏辽宁翼龙（*Liaoningopterus gui*）正型标本（IVPP V 13291）（Wang, Zhou, 2003）。

2.3　中国的翼龙研究新进展

2.3.1　中国的翼龙"飞"到了巴西

　　2012年，我们的国际合作团队发表了题为《亚洲新的具齿飞行爬行动物：中国和巴西白垩纪翼龙动物群的相似性》的研究论文，记述了一件产自辽西下白垩统热河群九佛堂组的翼龙化石——猎手鬼龙。这件化石因其魔鬼般奇特的头骨形态和吻端异常粗大的牙齿显示其为捕猎高手而得名（Wang et al., 2012）（图2-18）。

　　猎手鬼龙发现于辽宁西部凌源四合当的九佛堂组湖相页岩中，时代为早白垩世晚期（距今约120 Ma）。这件标本保存了十分完整且关联的头部骨骼以及前几节颈椎。猎手鬼龙的头骨长38 cm，它的鼻眶前孔占头骨长度的1/4，具有一个头盔状的圆顶额骨脊冠，吻端牙齿巨大

且粗壮并向前倾斜，甚至前端几枚牙齿的长度远远超过了上下颌的高度（图2-19）。

　　鬼龙属（*Guidraco*）因其愈合的鼻眶前孔而归入翼手龙亚目。依据其颈椎形态及齿列形式排除了其属于悟空翼龙科的可能，齿列和鼻眶前孔的形态也说明其不属于帆翼龙类和无齿翼龙类，额骨的脊冠类似于无齿翼龙，但是却发育无齿翼龙类所没有的牙齿，齿列虽然与古魔翼龙类十分相似，但是却没有古魔翼龙类所特有的前上颌骨脊和齿骨脊。可以说猎手鬼龙是一类十分奇特的魔鬼般的翼龙，具有许多翼龙类群的镶嵌特征。

　　这件标本上还保存了多处翼龙的粪化石，它们主要由鱼类骨骼碎片组成。有的粪化石不但保留了一定的形状，而且表面还较为光滑，这也是人们第一次见到翼

图2-18　猎手鬼龙（*Guidraco venator*）生态复原图　（M. Oliveira 绘）

100 mm

图2-19　猎手鬼龙（*Guidraco venator*）正型标本（IVPP V 17083）（Wang et al., 2012）

龙粪化石的形态，也直接地证明了鬼龙是食鱼动物。同时，这也是确切的翼龙粪化石及其与骨骼化石共生保存的首次报道。依据其头骨形态、齿列结构和吻端发育的加长加粗的强壮牙齿，以及共生的粪化石，很显然这类翼龙是一类非常凶猛的食鱼动物。此前古生物学家认为大部分的翼龙类群是食鱼的，但是很少有直接的化石证据来证明。九佛堂组时期宽阔的湖面和丰富的鱼类如吉南鱼、中华弓鳍鱼、北票鲟和原白鲟等为它们提供了充足的食物来源。

在这件标本的头部还保存了可能为银杏类叶片的化石，这类植物化石在热河群的义县组和九佛堂组中十分常见。在白垩纪时期，被子植物才刚刚出现，占据着统治地位的依然还是银杏、苏铁、松柏类等裸子植物以及占据森林灌丛的真蕨类等。随着被子植物的不断繁盛，裸子植物所占据的生态位也逐渐缩小，像银杏这样的活化石在如今种类已经十分有限了。这片植物叶子覆盖于翼龙的头骨之上，很显然是翼龙死后保存过程中形成的，像这样同时保存了翼龙和植物化石的标本在世界上都是极其罕见的。

鬼龙属和来自巴西的玩具翼龙属 (*Ludodactylus*) (Frey et al., 2003a) 十分相像 (图2-20)。两者在头骨后部都具有类似的脊状结构，但是玩具翼龙的脊冠保存不完整，似乎要比鬼龙更长更平缓。关于翼龙头部脊冠的功能，有着不同的解释。一般认为与飞行时的空气动力学有关，如在水面捕食时的准确性或在空中飞行时的稳定性，或者异性之间的展示和种间识别等。其骨质脊冠上往往附着软组织或肌肉。鬼龙的脊冠能保证它在九佛堂组时期宽阔的湖面上飞行并捕食水中的鱼类时保持稳定和准确性。鬼龙与玩具翼龙虽然具有类似于无齿翼龙的脊冠，但是却具有无齿翼龙所没有的牙齿，它们的上下颌都具有相似的齿列结构和大小不同的牙齿，尤其吻端的牙齿巨大，而鬼龙

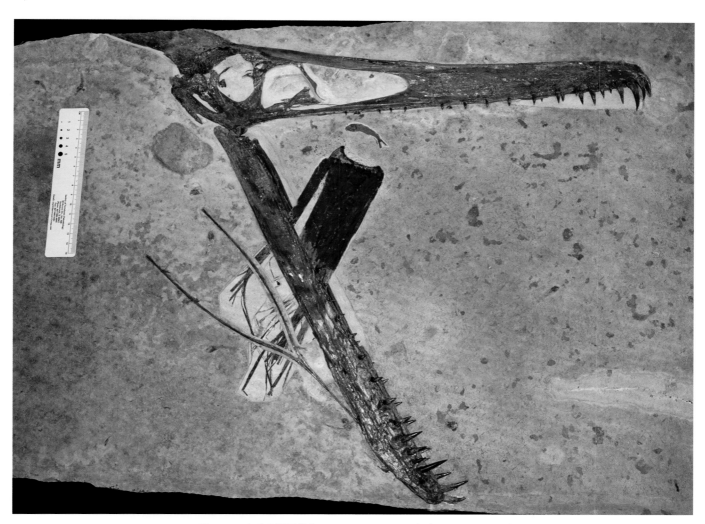

图2-20　席氏玩具翼龙 (*Ludodactylus sibbicki*)（Frey et al., 2003a）

的前端牙齿尤其巨大，也远远大于玩具翼龙的吻端牙齿，这样的牙齿及其齿列结构对于水中捕鱼来说当然是大有益处的。这种具有无齿翼龙的脊冠，但又具有牙齿的翼龙形象居然在没有化石证据的情况下最早出现在了一种人们制造的翼龙玩具身上，玩具翼龙因此得名。

无独有偶，另一件已知的同时保存了翼龙和植物化石的标本正是发现于巴西的这件玩具翼龙化石，不过玩具翼龙从嘴里向下颌之间插入一披针形叶植物碎片。与鬼龙标本不同，很显然这一植物碎片是在玩具翼龙生前捕食鱼类时不小心将其吃到嘴里咬合时插入的，这也是导致其死亡的原因。类似的奇特的翼龙化石除了先后在巴西和中国发现的这两个属种外，在世界上其他地方都没有被发现过。猎手鬼龙的发现对中国和巴西早白垩世翼龙动物群的组成和面貌的相似性提供了进一步的化石证据。

目前，在中国和巴西的下白垩统地层中都发现了古

神翼龙科（Tapejaridae）和古魔翼龙科等类群的成员。古神翼龙科最早在巴西发现（Kellner，1989；Wellnhofer，Kellner，1991）（图2-21），很长时间以来这一类群的成员只发现于巴西，直到汪筱林和周忠和（2002）报道了中国发现的第一个巴西之外的古神翼龙科的成员——董氏中国翼龙（Sinopterus dongi）（图2-17，2-22），提出辽西九佛堂组与巴西桑塔纳组的翼龙组合面貌十分相似，两个翼龙动物群之间可能存在着密切的演化关系。之后又报道了发现于辽西九佛堂组的顾氏辽宁翼龙（Wang，Zhou，2003）（图2-17），这一属于古魔翼龙科的成员与巴西的古魔翼龙属（Campos，Kellner，1985；Kellner，Tomida，2000）（图2-23，2-24）十分相似，进一步证明了早白垩世位于北方劳亚古陆的中国辽西地区和位于南方冈瓦纳古陆的巴西的翼龙组合面貌具有很多相似之处。猎手鬼龙的发现进一步证实了中国辽西下白垩统热河群九佛堂组产出的翼龙组合与巴西东北部阿拉里皮盆地桑塔纳组产出的翼龙动物群具有很高的相似性，这两个翼龙动物群之间存

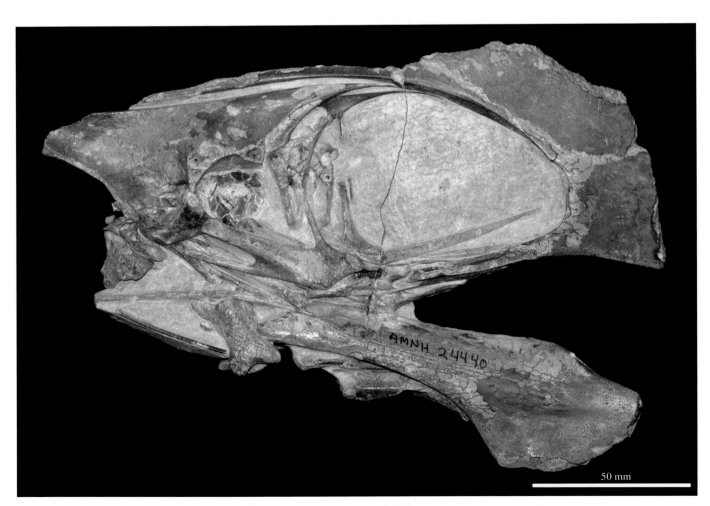

50 mm

图2-21 威氏古神翼龙（*Tapejara wellnhoferi*）头骨 〔Wellnhofer，Kellner，1991〕

图2-22 董氏中国翼龙（*Sinopterus dongi*）复原图 （赵闯 绘）

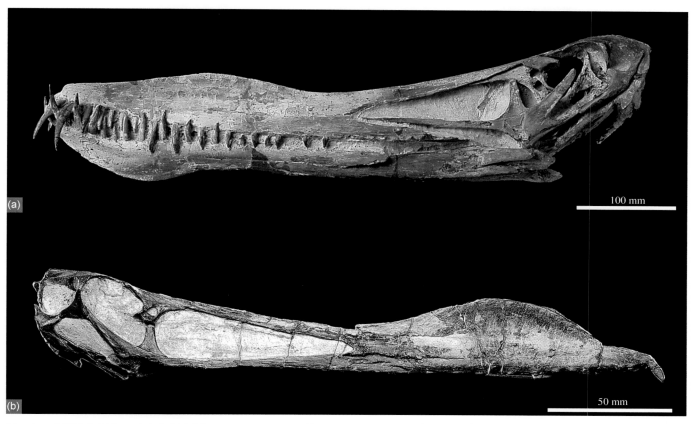

图2-23 古魔翼龙头骨 a. 食鱼古魔翼龙（*Anhanguera piscator*）（Kellner, Tomida, 2000）; b. 比氏古魔翼龙（*Anhanguera blittersdorffi*）（Campos, Kellner, 1985）。

图2-24　古魔翼龙（*Anhanguera*）复原图　〔M. Oliveira 绘〕

在着十分密切的演化关系。

　　自从2005年以来，我们的研究团队在《自然》（*Nature*）和《美国科学院院刊》（*PNAS*）等国内外刊物上相继发表了辽西地区翼龙化石的最新发现，并重点讨论了热河翼龙动物群多样性、适应辐射、生态习性及陆地生态系统和古环境背景等方面的论文，对两个大陆翼龙动物群的相似性这一现象进行了较深入的探讨（Wang et al., 2005, 2008a, 2012；Wang, Zhou, 2006）。在此基础上提出中国辽西地区九佛堂组的翼龙组合以本地起源的新生分子为特征，许多

成员逐渐繁盛并向外迁移辐射直至扩散到冈瓦纳古陆，以巴西早白垩世晚期桑塔纳组（距今约1.1亿年）的翼龙动物群为代表的南美翼龙组合可视为这次辐射的主要证据，这种向外的扩散可能与九佛堂组沉积时期具有较强飞行能力的鸟类大辐射引起的生存竞争有关。包括九佛堂组发现的世界上最小的翼龙具有树栖习性的隐居森林翼龙在内，越来越多的化石证据支持一些重要的翼龙类群如古神翼龙和古魔翼龙类，以及大型的无齿翼龙类等白垩纪翼龙类群起源于辽西地区的观点。

2.3.2 电影中飞出的翼龙

2014年，我们发表了产自中国辽西地区热河生物群中的一类新的翼龙化石——阿凡达伊卡兰翼龙 (*Ikrandraco avatar*) (Wang et al., 2014b) (图2-25)。伊卡兰翼龙的头骨顶部平直而下颌腹侧发育一奇特的刀片状半圆形的骨质脊，并且具有锋利的牙齿，这些特征都与2009年风靡全球的科幻电影《阿凡达 (Avatar)》中的潘多拉星球的飞行翼兽伊卡兰 (Ikran) 的头部极其相似，伊卡兰翼龙因此而得名。不过伊卡兰翼龙比电影中的伊卡兰小很多，它们的翼展仅1.5 m左右，而电影中的伊卡兰翼展可达12 m，与地球上已知最大的翼龙相当。在《阿凡达》中，还有一类更大的飞行动物——魅影 (Leonopteryx)，纳威人称其为托克鲁 (Toruk)，它们的体型更大，翼展可达25 m。

虽然虚构的潘多拉星球上的生物与地球生物完全不同，可我们却总能在那些奇特的外星生物身上找到地球生物的影子。在这部电影中给人们留下最深刻印象的就是那些空中飞行的翼兽——伊卡兰和魅影。这些飞行动物既不像鸟，也不像蝙蝠，但很显然不是电影制作者凭空想象出来的，这些被纳威人作为坐骑驾驭在空中飞行的大型飞行动物，很大程度上是参考了现今已经灭绝的飞行爬行动物——翼龙，可以说是翼龙和鸟等飞行脊椎动物的结合体。影片中最令人难忘的就是主角的坐骑魅影，它的头部形态就是两种翼龙头骨的集合。魅影的上下颌都有头饰，满嘴都是尖利的牙齿，这与古魔翼龙相似，只不过古魔翼龙的头饰为圆弧形，而魅影的呈帆状，这样的头饰我们却能在古神翼龙的头上找到，不过这种翼龙却没有牙齿，备受瞩目的魅影其实就是这两种翼龙的结合体 (图2-25～图2-27)。古魔翼龙和古神翼龙在中国和巴西都有发现，而且古神翼龙目前仅发现于中国和巴西，其生存时代也大致相当——距今1.1亿～1.2亿年前的白垩纪中期。伊卡兰显然在魅影的基础上被电影艺术家们做了些许调整，去掉了头骨顶部的头饰，而仅保留了下颌的脊状结构。意外的是，这种艺术家的想象之作却为我们提前描绘了一种生活在白垩纪的会飞的地球生物，这就是阿凡达伊卡兰翼龙 (图2-26)。

伊卡兰翼龙包括两件产自辽西下白垩统九佛堂组的化石标本 (图2-25, 2-27)。正型标本产自建昌喇嘛洞，保存了完整的头骨和下颌以及部分身体骨骼；另一件标本产自相邻的凌源四合当，包括完整的头骨、下颌和部分颈

100 mm

图2-25　阿凡达伊卡兰翼龙 (*Ikrandraco avatar*) 正型标本 (IVPP V 18199) (Wang et al., 2014b)

图2-26　阿凡达伊卡兰翼龙（*Ikrandraco avatar*）生态复原图　（赵闯 绘）

图2-27　阿凡达伊卡兰翼龙（*Ikrandraco avatar*）归入标本（IVPP V 18406）（Wang et al., 2014b）

椎。两件标本的产出地点相距20～25 km，都赋存在九佛堂组的湖相页岩中。在已发现的翼龙化石中，伊卡兰翼龙是少见的同一属种发现了一件以上较为完整标本的类型。尽管两件标本之间存在一些很小的差异，如第二件标本（头长268.3 mm）较正型标本（头长286.5 mm）略小（小约6%），但两件标本具有近乎相同的鼻眶前孔与头骨的长度比例；虽然第二件标本的下颌骨脊较正型标本更大一些，但两件标本下颌骨脊的最低点都位于第九与第十下颌齿之间，而且迄今已知只有伊卡兰翼龙具有下颌骨脊却没有发育上颌骨脊。此外，在这两件标本的下颌骨脊后端发育一个小钩状突，也从来没有在其他翼龙中发现类似的形态结构。据此认为这两件标本属于同一个属种的翼龙。

伊卡兰翼龙与其他已知的翼龙的最大不同在于其只发育下颌骨脊，而没有上颌骨脊（图2-25, 2-27）。这一奇特的头饰形态在已知的翼龙中从来没有被发现过，在现生动物中也没有实例，因此还无法准确地知道下颌骨脊的功能。科学家们对头骨脊可能具有的多种功能进行了解释，认为头骨发育脊（头饰）的最常见的功能就是展示，无论是性别展示还是属种间展示，很显然在头部上方远比在头部下方要更容易被发现且更具有展示功效，也更能引起其他个体或异性的关注，所以仅具有下颌骨脊的伊卡兰翼龙则大大降低了头饰仅仅具有展示功能的可能性。从两件标本下颌骨脊表面来看，并没发现像掠海翼龙头骨脊上大量分布的沟槽状的血管印痕，所以其作为散热功能的可能性也较小。剩下的就是与动力学相关的功能了，伊卡兰翼龙的下颌骨脊呈半圆形，边缘平滑似刀片状，很可能还具有一层较薄的角质鞘，这使得其在飞行和捕食时具有切割流体和降低阻力的功能，从而推测伊卡兰翼龙在它们生活的淡水湖泊捕食猎物的过程中，会贴近水面飞行，薄薄的下颌骨脊部分或全部切入水中，一旦发现水面附近的猎物就迅速将其捕获，下颌骨脊在这一捕食过程中就起到了切割水流和瞄准猎物的作用，与现生剪嘴鸥的捕食行为非常相似。曾有研究者认为，之前被推测在水面低飞掠食的翼龙可能并不具有这种能力，原因在于它们的体型过大，如此贴近水面飞行捕食所消耗的能量也大很多。而伊卡兰翼龙的翼展大约只有1.5 m，属于中小型翼龙，也仅比剪嘴鸥（翼展约1.2 m）略大一点，所以伊卡兰翼龙也并非只是偶尔采用这一捕食方式。

在伊卡兰翼龙的下颌骨脊后侧发育有明显的钩状突，这一特征已知在其他翼龙和现生动物中都未曾被发现（图2-25, 2-27）。虽然从皮肤印痕推测，认为一些翼龙化石具有类似现生鹈鹕的喉囊，但是都没有确实可靠的证据。然而，伊卡兰翼龙发育的钩状突很可能就是其具有喉囊的最好证据，这一结构的主要功能是附着柔软的皮质喉囊，也代表了喉囊最前端的位置。伊卡兰翼龙喉囊的功能可能和鹈鹕的略有不同，鹈鹕利用喉囊进行捕食，而伊卡兰翼龙很可能利用喉囊来储存在水面连续和就近多次捕获的鱼类等食物，而不

需要在每次捕捉到食物后立刻吞咽，也不需要飞离水面后再寻找目标进行下一次捕食。这样的捕食行为很好地起到了节省体能的作用，也代表了一种全新的翼龙捕食方式。

2.3.3 翼龙父母和它们的蛋

2014年，我们还报道了在新疆哈密地区发现的一个新的白垩纪翼龙动物群。这一翼龙化石分布区不仅是世界上已知最大和最富集的翼龙化石产地，也是目前世界上唯一一处三维保存的翼龙蛋和雌雄个体共生的翼龙化石遗址（Wang et al., 2014a）（图2-28）。通过详细研究哈密下白垩统地层中发现的约40个同一属种的雌雄翼龙个体和它们的5枚蛋化石，在翼龙的性双型、个体发育、翼龙蛋及其蛋壳显微结构、生殖和生态习性等方面都取得了重要进展（图2-29）。这一新的翼龙类型被命名为天山哈密翼龙，以纪念化石的发现地及2013年天山入选世界文化遗产名录。

哈密翼龙属（*Hamipterus*）具有一些独特的形态特征，最大的特征是它们头骨上发育明显的头饰——前上颌骨脊。脊的表面具有向前、向上弯曲或向上伸展的凹凸相间的纹饰。上、下颌的腹面分别具有细长的脊突和沟槽并一直延伸到吻端，而且上、下颌前端略有膨大（图2-30）。

哈密翼龙头骨发育的不同大小、不同形状和不同厚薄的头饰是鉴别雌、雄个体的标志。在发现的数十个哈密翼龙的头骨中，毫无例外都发育了头饰。这些头饰从头骨的前部开始向后延伸形成一个头骨脊，有两类明显的形态特征：一类头骨脊较大，出现的位置相对靠前，始于第五或第六枚牙齿处并一直延伸到头骨后部，脊的前缘强烈向前、向上弯曲；另一类头骨脊较小，出现的位置也相对靠后，始于第六或第七枚牙齿并一直向后延伸，脊的前缘后倾而没有明显的向前弯曲现象。这两种头饰的形态代表了翼龙的性双型，即脊较大的为雄性，较小的为雌性，具有性展示的功能。之前还有一种关于翼龙性双型的观点，认为在所有的翼龙中，雄性具有头骨脊而雌性没有。通过哈密翼龙大量头骨的发现和研究，很显然这一观点是不成立的。翼龙类群中的性双型主要表现为头骨脊的大小和形态差异，而头骨脊的有无是不同翼龙类群的重要形态学鉴别特征。

哈密翼龙属于大型翼龙类，其成年个体的翼展可达3.5 m。大量不同发育阶段的幼年和成年雌雄个体，尤其是保存完整的头骨和下颌的发现，使我们对翼龙的个体

图2-28　天山哈密翼龙（*Hamipterus tianshanensis*）生态复原图　（赵闯 绘）

100 mm

图2-29　天山哈密翼龙（*Hamipterus tianshanensis*）化石（IVPP V 18931），包括正型标本（IVPP V 18931.1）（Wang et al., 2014a）

发育特征有了全新的认识和了解。哈密翼龙最明显的个体发育差异表现在上、下颌的前部，即随着个体从幼年发育到成年，上、下颌前部逐渐出现明显的侧向膨大。在较小的幼年个体中几乎见不到这一现象，而在较大的成年个体中这一膨大现象较为明显，而且随着个体年龄的增加其膨大越来越明显，这一个体发育特征在已知的翼龙类群尚属第一次发现。

同时发现的5枚翼龙蛋化石，是世界上首次发现的三

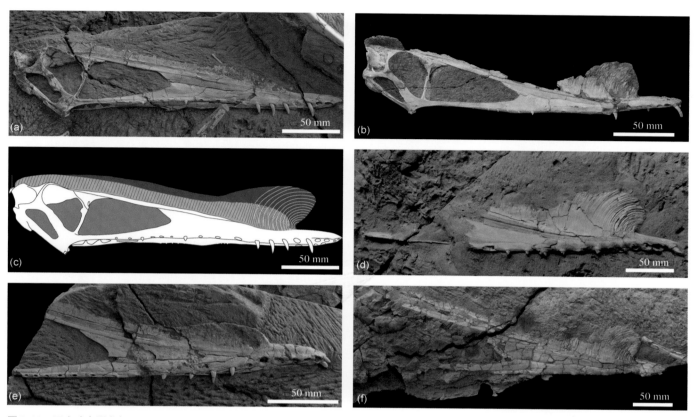

图2-30 天山哈密翼龙（*Hamipterus tianshanensis*）雄性、雌性头骨脊的差异（Wang et al., 2014a） a. 雌性头骨，天山哈密翼龙正型（IVPP V 18931.1）；b. 雄性头骨，IVPP V 18935.1；c. 将雄性（灰色）和雌性的头骨脊叠加在一起，显示出明显的区别；d. 雄性头骨，IVPP V 18932.1；e. 雌性头骨，IVPP V 18931.2；f. 雄性头骨，IVPP V 18931.3。

维立体保存的翼龙蛋（图2-31），通过对蛋的宏观形态、大小、蛋壳显微结构和元素组成等方面的研究，并与现生爬行动物的蛋进行对比，发现哈密翼龙蛋的宏观形态和蛋壳结构与现生爬行动物如蛇类的某些"软壳蛋"非常相似。

这些翼龙蛋为两端近似对称的长椭圆形，和现生的爬行动物及鸟蛋类似，其长轴60～65 mm。蛋壳具有双层结构，即外层是一层薄的钙质硬壳，内层为较厚的革质状软质壳膜，壳膜厚度可达钙质硬壳厚度的3倍。由于软的壳膜厚度大的原因，蛋化石都保存完整，仅表现为明显的挤压变形，在同一枚蛋壳上可同时观察到塑性变形和脆性破裂。这一发现首次明确翼龙蛋主要为柔韧的革质蛋壳，蛋壳外层具有薄的钙质硬层，它们与现生的一些蛇类如锦蛇的蛋非常相似。而之前发现的4枚二维压扁保存的翼龙蛋都没有观察到这一完整的蛋壳结构。哈密翼龙蛋的宏观形态特征及其蛋壳显微结构的研究，为羊膜卵壳的起源与演化提供了更多的化石证据，填补了翼龙繁殖行为和生态习性研究上的空白。

哈密翼龙化石埋藏在早白垩世的湖泊风暴沉积中，虽然目前还没有发现完整的化石骨架，但发现了大量完整的头骨和下颌，而每一块分散保存的头后骨骼大多保存完整，没有搬运破坏的痕迹，表明了距今1亿多年前湖泊中的突发性大型风暴导致生活在湖边和翱翔于天空中的翼龙遭到毁灭性灾难事件而集群死亡，身体带着皮肉和它们产在湖岸潮湿的沙滩软泥中的蛋快速埋藏在一起。哈密翼龙化石的数量巨大，但属种单一，多样性较低，目前在这一翼龙居群中仅发现同一属种的大量不同发育阶段的成年和幼年的雌雄个体以及它们的蛋。

哈密翼龙化石的发现也属于机缘巧合。中国科学院古脊椎动物与古人类研究所邱占祥和王伴月于2005年前往新疆吐鲁番和哈密地区考察，与时任哈密文物局长亚合甫江等在野外发现几小块碎裂的骨骼，初步认为可能属于翼龙化石，后经汪筱林确认，哈密翼龙重大发现和研究的序幕从此揭开。通过我们团队十多年的戈壁连续考察和抢救性采集，哈密成为中国乃至世界上又一重要的翼龙化石宝库。

哈密翼龙及其蛋化石的发现是翼龙研究领域的重大进展，国际古生物学界对这一发现和研究给予高度评价，并以"先有翼龙还是翼龙蛋"为题配发相关评论文章，认为这是翼龙研究200年来最令人激动的发现之一。

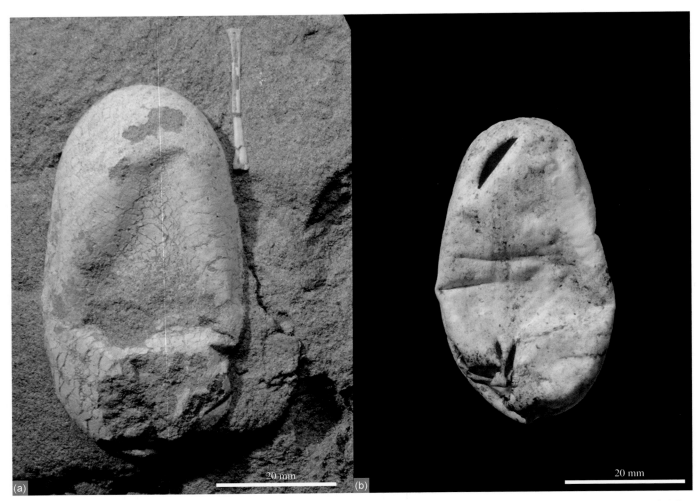

图2-31 三维立体保存的天山哈密翼龙（*Hamipterus tianshanensis*）蛋 IVPP V 18937（a）与现生锦蛇蛋（b）的对比，两者具有相似的大小、形态和塑性变形（Wang et al., 2014a）。

道虎沟化石地点

3 燕辽翼龙动物群的地层与时代

3.1 燕辽翼龙动物群概述

燕辽生物群是分布在中国北方的侏罗纪陆相生物群，时代早于热河生物群，两者在生物组合上明显不同。而且，燕辽生物群的分布范围较小，包括了中国东北的辽宁西部、河北北部和内蒙古东南部 (图2–10)。燕辽生物群最早以植物和昆虫化石闻名，近年来又发现了大量的脊椎动物化石，涵盖了两栖类、爬行类、哺乳类等多个门类 (Zhou et al., 2010; Sullivan et al., 2014) (图3–1, 3–2)，其中包括原始翼龙和进步翼龙之间的过渡类型——李氏悟空翼龙 (Wang et al., 2009)，最古老的带毛恐龙——赫氏近鸟龙 (*Anchiornis huxleyi*) (Hu et al., 2009)，以及会滑翔的哺乳动物——远古翔兽 (*Volaticotherium antiquum*) (Meng et al., 2006)。燕辽生物群与热河生物群是中国乃至世界上最重要的两个中生代陆相生物群，涉及鸟类起源、羽毛起源、飞行起源、早期哺乳动物起源与演化、翼龙演化与辐射，以及被子植物起源等一系列重要的生物起源演化问题。

翼龙类是燕辽生物群的主要组成部分，统称为燕辽翼龙动物群，也曾被称为玲珑塔翼龙动物群。至今已发现10属12种，分属于蛙嘴翼龙科、喙嘴龙科、掘颌翼龙科 (Scaphognathidae)、悟空翼龙科，另有2属2种的科级分类单元未定 (汪筱林等, 2014)。

翼龙目 Order Pterosauria

 "喙嘴龙亚目" Suborder "Rhamphorhynchoidea"

 蛙嘴翼龙科 Family Anurognathidae

  热河翼龙属 Genus *Jeholopterus*

   宁城热河翼龙 Species *Jeholopterus ningchengensis*

  树翼龙属 Genus *Dendrorhynchoides*

   木头凳树翼龙 Species *Dendrorhynchoides mutoudengensis*

 喙嘴龙科 Family Rhamphorhynchidae

  翼手喙龙属 Genus *Pterorhynchus*

   威氏翼手喙龙 Species *Pterorhynchus wellnhoferi*

  青龙翼龙属 Genus *Qinglongopterus*

   郭氏青龙翼龙 Species *Qinglongopterus guoi*

 掘颌翼龙科 Family Scaphognathidae

  建昌颌翼龙属 Genus *Jianchangnathus*

   强壮建昌颌翼龙 Species *Jianchangnathus robustus*

 悟空翼龙科 Family Wukongopteridae

  悟空翼龙属 Genus *Wukongopterus*

   李氏悟空翼龙 Species *Wukongopterus lii*

  达尔文翼龙属 Genus *Darwinopterus*

   模块达尔文翼龙 Species *Darwinopterus modularis*

   玲珑塔达尔文翼龙 Species *Darwinopterus linglongtaensis*

   粗齿达尔文翼龙 Species *Darwinopterus robustodens*

  鲲鹏翼龙属 Genus *Kunpengopterus*

   中国鲲鹏翼龙 Species *Kunpengopterus sinensis*

  建昌翼龙属 Genus *Jianchangopterus*

   赵氏建昌翼龙 Species *Jianchangopterus zhaoianus*

  长城翼龙属 Genus *Changchengopterus*

   潘氏长城翼龙 Species *Changchengopterus pani*

 科未定

  凤凰翼龙属 Genus *Fenghuangopterus*

   李氏凤凰翼龙 Species *Fenghuangopterus lii*

  道虎沟翼龙属 Genus *Daohugoupterus*

   娇小道虎沟翼龙 Species *Daohugoupterus delicates*

燕辽翼龙动物群的面貌与热河翼龙动物群 (热河生

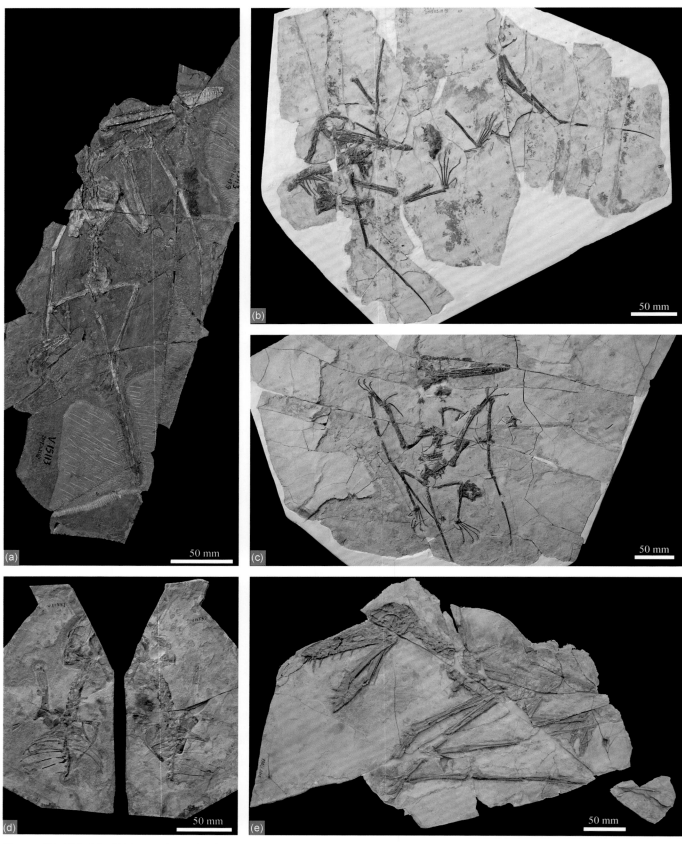

图3-1　燕辽翼龙动物群的主要属种　a. 李氏悟空翼龙（*Wukongopterus lii*）正型标本（IVPP V 15113）；b. 中国鲲鹏翼龙（*Kunpengopterus sinensis*）正型标本（IVPP V 16047）；c. 玲珑塔达尔文翼龙（*Darwinopterus linglongtaensis*）正型标本（IVPP V 16049）；d. 娇小道虎沟翼龙（*Daohugoupterus delicatus*）正型标本（IVPP V 12537）；e. 强壮建昌颌翼龙（*Jianchangnathus robustus*）正型标本（IVPP V 16866）。

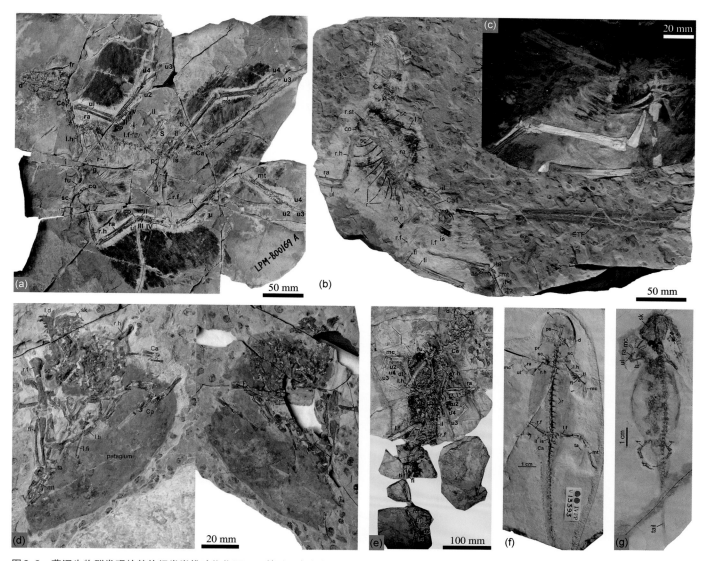

图3-2　燕辽生物群发现的其他门类脊椎动物化石　a. 赫氏近鸟龙（*Anchiornis huxleyi*）正型标本（LPM-B00169）；b. 胡氏耀龙（*Epidexipteryx hui*）正型标本（IVPP V 15471）负面；c. 胡氏耀龙（*Epidexipteryx hui*）正型标本（IVPP V 15471）正面紫外光下照片；d. 远古翔兽（*Volaticotherium antiquum*）正型标本（IVPP V 14739）的正面和负面；e. 郑氏晓廷龙（*Xiaotingia zhengi*）正型标本（STM 27-2）；f. 道虎沟辽西螈（*Liaoxitriton daohugouensis*）正型标本（IVPP V 13393）；g. 奇异热河螈（*Jeholotriton paradoxus*）正型标本（IVPP V 11944A）。（修改自Sullivan et al., 2014）

物群的翼龙化石组合）明显不同，前者的翼龙化石全部属于非翼手龙类，而后者主要由翼手龙类组成，仅有一个非翼手龙类属种——弯齿树翼龙。辽西地区同时具有两个截然不同又存在演化关系的翼龙组合，这在世界上也是独一无二的。对比研究燕辽和热河翼龙动物群对于探索翼龙及其中一些类群的起源演化具有重要的意义。

燕辽翼龙动物群的主要地点分布在辽西建昌、凌源以及与之相邻的内蒙古东南部宁城和河北青龙等地区。汪筱林等首先报道的产自内蒙古宁城道虎沟的属于蛙嘴翼龙类的宁城热河翼龙（Wang et al., 2002），是燕辽生物群中发现的第一件翼龙化石。之后又报道了相同地点的属于"喙嘴龙类"的威氏翼手喙龙（Czerkas,

Ji, 2002）。几年之后，汪筱林等发现并描述了产自辽宁建昌玲珑塔的李氏悟空翼龙，并据此建立了悟空翼龙科（Wang et al., 2009），这是在玲珑塔地点发现的第一件翼龙化石。随后，有研究者报道了产自河北青龙木头凳的翼龙属种——潘氏长城翼龙（*Changchengopterus pani*）（Lü, 2009）。近年来，在道虎沟和木头凳只报道了少数几个翼龙属种，分别为娇小道虎沟翼龙（*Daohugoupterus delicatus*）（Cheng et al., 2015）、木头凳树翼龙（Lü, Hone, 2012）和郭氏青龙翼龙（*Qinglongopterus guoi*）（Lü et al., 2012c）；而在玲珑塔，继李氏悟空翼龙之后又发现了模块达尔文翼龙、中国鲲鹏翼龙、玲珑塔达尔文翼龙、强壮建昌颌翼龙等多个属种（Wang et al., 2010；Cheng et al.,

2015；Lü et al.，2011a；Zhou，Schoch，2011）。到目前为止，在玲珑塔已经发现了7属9种，是燕辽翼龙动物群最重要的化石产地。

3.2 燕辽翼龙动物群的主要化石产地

3.2.1 内蒙古宁城道虎沟

这一地点是最早发现燕辽翼龙动物群的化石产地，目前记述的翼龙化石包括宁城热河翼龙、威氏翼手喙龙和娇小道虎沟翼龙等。道虎沟化石点位于内蒙古东南部宁城与辽西凌源相邻的宁城山头乡道虎沟村，这里分布着一套页岩夹凝灰岩为主的湖相含化石沉积层，被汪筱林等称为"道虎沟化石层"（汪筱林等，2000）和道虎沟组（张俊峰，2002）。自1998年以来，我们曾在这里进行过数十次野外考察（图3-3，3-4），并于2003年在道虎沟1号、2号两个地点（分别位于道虎沟一队和三队）进行大规模发

掘，采集了大量包括蜉蝣、昆虫和植物在内的化石（图3-4～图3-6），这一化石富集层还断续分布在道虎沟北面的朱家沟、五化姜杖子以及东北的凌源热水汤镇无白丁、建平棺材山等地点（汪筱林等，2005）。

在道虎沟村一队和三队附近，道虎沟化石层出露比较完整，大致呈北东东向展布，并从三队向东一直延伸到凌源一侧的皮杖子西沟（图3-7）。在凌源皮杖子一侧，道虎沟层角度不整合在下伏太古代片麻岩之上，向上大致沿地层倾向一直延伸到小白山北侧的鞍部与髻髻山组火山熔岩接触处。在道虎沟2号发掘地点的东南侧，道虎沟化石层不整合在中晚元古代大红峪组的石英砂岩之上。在道虎沟二队和三队村子附近，可以观察到一套灰色、灰白色凝灰岩夹红色页岩和泥岩的沉积，并夹胶结松散的透镜状红色砾岩层，这套含红色层的沉积位于道虎沟化石层的底部（图3-8）。在山头朱家沟和五化姜杖子，已经发现与道

图3-3　2004年中国、巴西科学家考察道虎沟化石地点　由左到右：D.D.A. Campos，A.W.A. Kellner，汪筱林。

图3-4　2003年中国科学院古脊椎动物与古人类研究所在道虎沟1号地点发掘

图3-5　2003年中国科学院古脊椎动物与古人类研究所在道虎沟2号地点发掘

图3-6 在道虎沟发掘1号地点发现的蝾螈化石

虎沟几乎完全一样的化石组合，而这套含红色页岩的凝灰岩层在这两处都有很好的出露，也位于化石层的下部（图3-9）。在红色层之上的页岩中已经发现了大量与道虎沟化石地点完全相同的叶肢介、昆虫和蝾螈类化石等。这套含红色页岩的沉积与其上部的主要含化石层为正常的连续沉积，通过初步的探槽揭露也没有观察到两者之间有明显的不整合现象，因此认为它们应同属道虎沟层沉积。

汪筱林等（2005）总结了道虎沟化石层的地层层序。认为道虎沟化石层底部完整、界线清楚，而上部缺失，未见顶，没有观察到与上覆地层的直接接触界线。由于这套地层经历后期强烈的构造活动，道虎沟化石层发生褶皱、倒转（图3-10, 3-11），并导致地层重复，准确的地层厚度难以确定，估计在100～150 m。道虎沟化石层的岩石地层大致可以分为三部分：① 下部为灰色、灰白色凝灰岩夹红色页岩、泥岩沉积，厚度不大，估计5～20 m，页岩中含叶肢介；② 中部主要为厚层粗粒灰白色凝灰岩（大部分蚀变为膨润土）夹薄层灰色、灰绿色凝灰质页岩、泥页岩，其中在凝灰岩层中夹透镜状砾岩、角砾岩层（图3-12），砾石成分主要为下伏髫髻山组中酸性火山熔岩，砾石大小混杂堆积，无分选，次棱角状为主，厚度估计60～80 m，页岩中含昆虫、叶肢介、植物等，脊椎动物相对稀少，主要为有尾两栖类天义初螈（*Chunerpeton tianyiensis*）；③ 上部主要为灰色、灰白色凝灰岩与灰色、灰白色页岩互层，与中部相比，页岩厚度加大而凝灰岩厚度相对变薄，厚度估计40～60 m，页岩中富含脊椎动物化石，包括有尾两栖类天义初螈、奇异热河螈（*Jeholotriton paradoxus*）、道虎沟辽西螈（*Liaoxitriton daohugouensis*），翼龙类宁城热河翼龙、威氏翼手喙龙、娇小道虎沟翼龙，恐龙类宁城树

图3-7 道虎沟三队（a）以及辽宁一侧地层（b）

图3-8 道虎沟层底部的红色砾岩层（a）和页岩、泥岩（b）

图3-9　朱家沟（a）和姜杖子（b）的道虎沟层底部

图3-10 道虎沟层的地层褶皱、倒转现象之一

图3-11 道虎沟层的地层褶皱、倒转现象之二

图3-12 道虎沟层中部的砾岩层——砾石为下伏凝灰岩

息龙 (*Epidendrosaurus ningchengensis*)、道虎沟足羽龙 (*Pedopenna daohugouensis*),昆虫、叶肢介和植物极为丰富,是主要的化石层位。

3.2.2 辽宁建昌玲珑塔

建昌玲珑塔地点位于辽宁省葫芦岛市建昌县东北的玲珑塔镇大西山村,这里分布着一套河流冲积相、湖相沉积地层 (图3-13,3-14)。

大西山剖面是燕辽翼龙动物群的主要化石产地,位于大西山村南约1 km,下柳树行子以北,呈北北西向展布,出露连续 (图3-15)。剖面起点位于大西山村东南的山脚下,一直延伸到大西山村西南的高山之上。剖面上呈现出复杂的褶皱现象 (图3-16),起点和终点的高山都是下伏地层,整条剖面平行不整合于下部中晚侏罗统髫髻山组玄武岩之上,未见顶。剖面中部一条小路旁出露一处粉砂质页岩构成的背斜核部,接近剖面顶部见有一处剧烈的向斜核部,该处向斜两翼产状近等,组成倒转褶皱。由于这些褶皱导致地层重复,尽管剖面上存在多处含化石的页岩层,但整条剖面仅包含上、下两个化石层

图3-13 玲珑塔大西山化石地点

图3-14 汪筱林2011年在大西山考察

图3-15 建昌玲珑塔大西山剖面 黑色箭头指示大西山村,白色箭头指示主要化石层。

(图3-17,3-18)。

　　剖面全长约1 100 m,真厚度约410 m。剖面从下到上地层层序简述如下(图3-19～图3-21):

　　道虎沟层(道虎沟组)未见顶

12. 灰色、灰绿色粉砂质页岩、页岩。主要化石富集层(上部化石层),产翼龙类:李氏悟空翼龙,中国鲲鹏翼龙,模块达尔文翼龙,粗齿达尔文翼龙,玲珑塔达尔文翼龙,强壮建昌颌翼龙,李氏凤凰翼龙,赵氏建昌翼龙,潘氏长城翼龙;古鳕类;叶肢介等。　　　　　　　　　　17.5 m

11. 灰色、灰绿色含生物碎屑砂质泥屑灰岩,年龄166.0±3.0 Ma。　　　　　　　　　　　　7.5 m

10. 灰绿色泥质粉砂岩,夹数层灰黄色薄层砂岩,下部粒度较粗,含砾石。　　　　　　　100.8 m

9. 灰绿色含砾泥质粉砂岩。下部砾石粒度较粗,含量较多。　　　　　　　　　　　　　64.1 m

8. 浅棕黄色粗粒砂岩。　　　　　　　　　5.3 m

7. 灰色粉砂质页岩。主要化石富集层(下部化石层),可以见到昆虫、鱼类及翼龙化石碎片。　15.6 m

6. 灰黄色中粒砂岩。　　　　　　　　　　2.0 m

5. 灰绿色含砾泥质粉砂岩,砾石较大,产硅化木;底部夹钙质粉砂岩,年龄150.4±1.1 Ma。　82.5 m

4. 灰绿色、灰黄色泥质粉砂岩夹浅黄色砂岩,底部含砾粗粒岩屑砂岩,年龄150.6±0.7 Ma。　21.2 m

3. 泥质粉砂岩夹多层薄层状砂岩。下部粉砂岩呈灰绿色、灰黄色,上部呈紫色、灰紫色,底部有一层中粒岩屑砂岩。　　　　　　　　　58.1 m

2. 棕黄色砂岩,上部夹灰绿色泥质粉砂岩,下部含有砾石。　　　　　　　　　　　　20.1 m

1. 灰绿色、灰黄色泥质粉砂岩。　　　　15.7 m

――――――平行不整合――――――

下伏地层　中晚侏罗统髫髻山组

图3-16　玲珑塔大西山剖面上的褶皱、倒转现象

图3-17　大西山剖面上部化石层见到的古鳕类化石

图3-18　大西山剖面下部化石层见到的昆虫化石

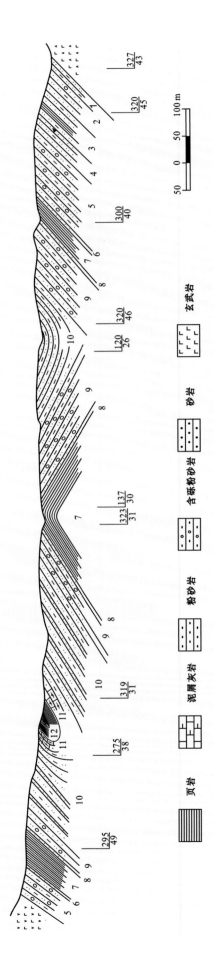

图3-19 建昌县玲珑塔镇大西山实测剖面图

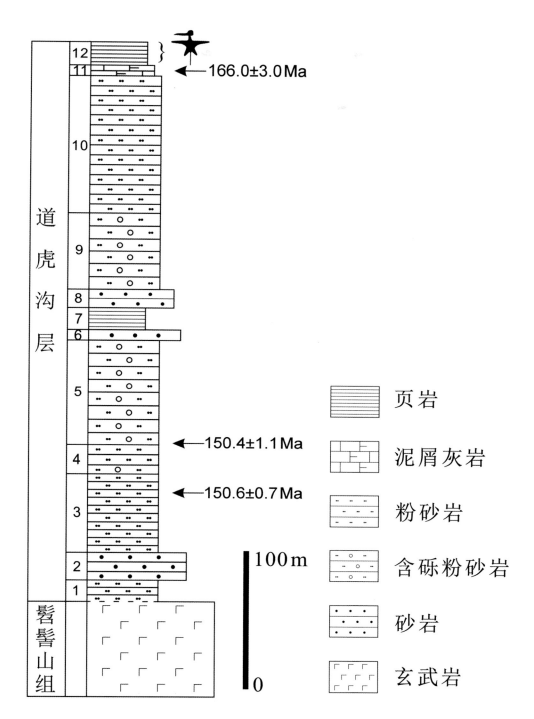

图3—20 大西山剖面柱状图及测年数据、翼龙化石产出层位 1～12为地层层序,第12层为主要的化石产出层位,已发现的翼龙化石有:李氏悟空翼龙、中国鲲鹏翼龙、模块达尔文翼龙、粗齿达尔文翼龙、玲珑塔达尔文翼龙、强壮建昌颌翼龙、李氏凤凰翼龙、赵氏建昌翼龙、潘氏长城翼龙。

3.2.3 河北青龙木头凳

根据《河北省 北京市 天津市区域地质志》,河北青龙木头凳附近出露的侏罗系地层主要为髫髻山组和其上覆的后城组,后城组在辽西为土城子组。其中髫髻山组厚度较大,主要为中性火山碎屑岩、熔岩和沉积岩。近年来,在木头凳镇兴隆台子和干沟乡南石门等地的沉积夹层中发现了大量的古鳕类、蝾螈、翼龙、昆虫和植物等化石(图3-22)。中国科学院古脊椎动物与古人类研究所科考队曾经在南石门产地进行发掘,发现了大量蝾螈等脊椎动物化石。

图3-21 玲珑塔大西山剖面 a. 底部泥质粉砂岩夹砂岩；b. 含砾泥质粉砂岩，产巨大的硅化木；c. 泥质粉砂岩夹灰黄色砂岩；d. 顶部粉砂质页岩、页岩，主要的化石富集层。

3.3 燕辽翼龙动物群的年代讨论

关于燕辽生物群的时代归属一直存在较大争议。周忠和等总结了燕辽生物群包含的脊椎动物化石组合 (Zhou et al., 2010)，认为道虎沟生物群 (汪筱林等，2000，2005；张俊峰，2002；季强，袁崇喜，2002) 等同于燕辽生物群，燕辽生物群的地层分布从海房沟组 (九龙山组) 到蓝旗组 (髫髻山组)，时代属于中侏罗世～晚侏罗世 (Zhou et al., 2010; Sullivan et al., 2014)。

宁城道虎沟化石层最早由汪筱林等 (2000) 提出，认为其是属于热河群义县组下部的一个化石富集层。由于陆续发现大量脊椎动物、昆虫和植物等化石，该化石层引起了古生物学家和地质学家的关注，许多学者进行了野外考察以及相关的古生物学和地层学方面的研究，然而它的地质时代归属仍然存在很大争议，其涵盖了从

中侏罗世九龙山组～早白垩世义县组下部的整个区间。这些观点包括：最早根据脊椎动物组合提出的属于下白垩统义县组下部道虎沟化石层 (汪筱林等，2000，2005)；根据昆虫、植物、脊椎动物组合提出的晚侏罗世早中期道虎沟组和道虎沟生物群 (张俊峰，2002)；根据昆虫化石组合以及叶肢介动物群提出的中侏罗世九龙山组 (任东等，2002；沈炎彬等，2003)；根据同位素测年提出的中侏罗世九龙山组～髫髻山组下部 (柳永清等，2004)；根据同位素测年、脊椎动物组合等提出的晚侏罗世～早白垩世道虎沟层 (He et al., 2004b)；以及根据同位素测年等提出的中侏罗世髫髻山组 (Liu et al., 2006, 2012；陈文等，2004；季强等，2005)。黄迪颖 (2015) 结合燕山运动的时代和作用范围，认为道虎沟化石层应在九龙山组之下，属于海房沟组。

图3-22　河北青龙木头凳兴隆台子化石地点

　　建昌玲珑塔化石层的发现相对较晚,其时代归属及层位也存在争议,主要观点有两种,即晚侏罗世～早白垩世道虎沟层及中侏罗世髫髻山组。玲珑塔地区火山岩分布广泛,1∶20万区域地质调查及《辽宁省区域地质志》(辽宁省地质矿产勘查局,1989)均认为该火山岩属于中侏罗统髫髻山组(蓝旗组),岩性比较稳定,主要由灰紫色、灰绿色气孔状安山岩、辉石安山岩、角闪安山岩,间夹玄武岩,火山碎屑岩及沉积岩夹层所组成。

　　段冶等(2009)认为玲珑塔大西山产化石的河流相、湖相地层是上下两套火山岩之间的沉积夹层,属于较大的火山喷发间歇期的沉积产物。根据已发现的化石组合,将这套地层归为中侏罗统髫髻山组。

　　有研究者根据同位素地质年代学同样将这套地层归为中侏罗统髫髻山组(Liu et al., 2012),对化石层位上的两个凝灰岩样品进行锆石U-Pb同位素测年,得出160.54±0.99 Ma和161.0±1.4 Ma的年龄,据此认为恐龙和翼龙等化石生物的生存时代介于161～160.5 Ma。在同一批次中一个取自大西山剖面底部的样品,其测年的结果为160.7±3.2 Ma (Peng et al., 2012)。王亮亮等

(2013)在玲珑塔大西山剖面含化石地层中采集岩石样品的同位素分析结果为160 Ma。

　　汪筱林等根据沉积地层层序及翼龙化石组合,认为玲珑塔地区产长尾翼龙的地层与道虎沟化石层层位相当,时代应为晚侏罗世～早白垩世(汪筱林等,2005;Wang et al., 2009, 2010)。通过我们近年来在玲珑塔地区进行的详细野外工作,大西山剖面自下而上(自东向西)在地表共出露三个含化石的页岩层,在这些页岩层的挖掘断面上可以观察到大量发育的褶皱,而且剖面上地层产状变化非常大,代表这套地层经过后期强烈的构造挤压变形作用,与宁城道虎沟化石层形成强烈的褶皱非常类似,其间的层位关系十分复杂。经过对比分析,事实上这套地层仅有上、下两个含化石层,大量沉积地层由于倒转褶皱构造重复出现而形成。野外地层观察和研究表明,大西山富含化石的地层整体覆盖在火山岩之上,而不是两套火山岩之间的沉积夹层,下伏的以玄武岩为主的火山岩应属于髫髻山组(160 Ma)。这套地层的岩性组合以灰绿色泥质粉砂岩、砂岩,灰绿色含巨砾火山岩砾石的泥质粉砂岩和灰色湖

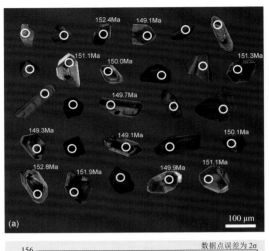

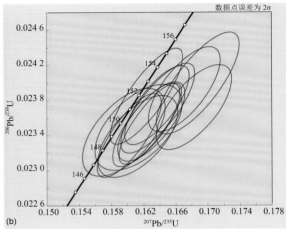

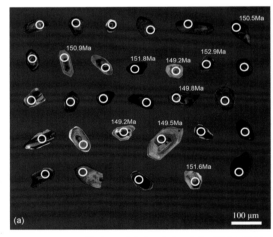

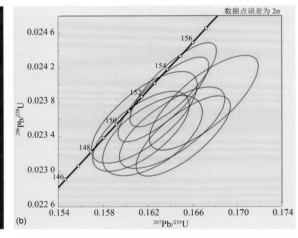

图3-23 样品110428P03Y
锆石U-Pb实验结果图
a. CL图像、测试点位及部
分年龄数据；b. 年龄谐和
图；c. 年龄加权平均图；
d. 年龄频率图。（引自汪
筱林等，2014）

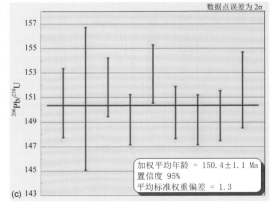

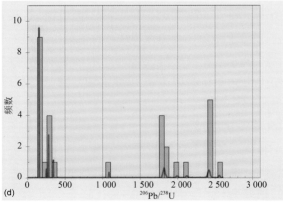

图3-24 样品110501P01Y
锆石U-Pb实验结果
图 a. CL图像、测试点位
及部分年龄数据；b. 年龄
谐和图；c. 年龄加权平均
图；d. 年龄频率图。（引自
汪筱林等，2014）

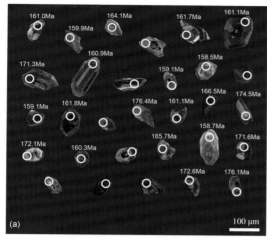

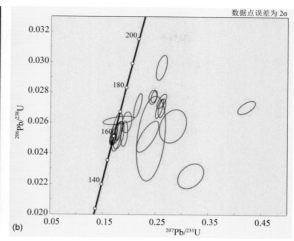

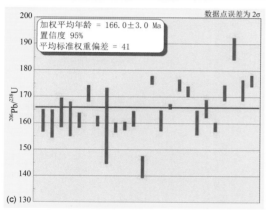

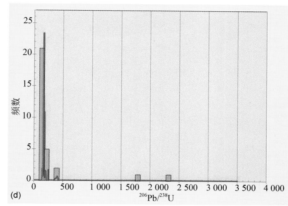

图3-25 样品110504P03Y锆石U-Pb实验结果图 a. CL图像、测试点位及部分年龄数据；b. 年龄谐和图；c. 年龄加权平均图；d. 年龄频率图。（引自汪筱林等，2014）

相页岩等为主，不发育大型斜层理，明显不同于土城子组的岩石组合。

为了确定大西山剖面产翼龙化石层位的时代，我们对剖面采集的三个岩石样品（110428P03Y、110501P01Y、110504P03Y）也进行了U-Pb同位素测年（汪筱林等，2014）。三个样品（图3-23～图3-25）的碎屑锆石的同位素实验结果显示，含化石沉积地层中的锆石来源比较复杂，既有同沉积火山凝灰岩形成的锆石，也有来自下伏沉积地层或岩石的锆石，其中还有来自更古老的变质基底的锆石，最年轻的一组在160～150 Ma内，与前人160 Ma的同时期火山凝灰岩形成的锆石的测年结果相差不大，可认为150 Ma的年龄代表了这套含化石沉积地层年龄的时代下限（汪筱林等，2014）。因此，玲珑塔化石层（道虎沟层或道虎沟组）及其赋存生物群的时代应该晚于160 Ma，很可能在160～150 Ma，目前将其归入晚侏罗世。

李氏悟空翼龙（*Wukongopterus lii*）复原图（赵闯 绘）

燕辽翼龙动物群的翼龙类型非常丰富，有处于翼龙演化基干位置的蛙嘴翼龙类——宁城热河翼龙，掘颌翼龙类——强壮建昌颌翼龙，喙嘴龙类——威氏翼手喙龙，还有处于原始的非翼手龙类向进步的翼手龙类演化过渡环节中的悟空翼龙类——李氏悟空翼龙 (Wang et al., 2002, 2009；Czerkas, Ji, 2002；Cheng et al., 2012)，同时，还有一些科级分类单元尚不确定的翼龙属种，如娇小道虎沟翼龙 (Cheng et al., 2015)。

到目前为止，燕辽翼龙动物群已经包括蛙嘴翼龙类2属2种、掘颌翼龙类1属1种、喙嘴龙类2属2种、悟空翼龙类3属5种、疑似的悟空翼龙类2属2种，以及分类未定的2属2种。

4.1 蛙嘴翼龙类

绝大多数研究者认为蛙嘴翼龙类是非常原始或者最原始的翼龙类群，按照分支系统学的定义，蛙嘴翼龙科是一个包含蛙嘴翼龙属 (*Anurognathus*)、蛙颌翼龙属及其最近共同祖先和所有后裔在内的类群。目前包括4个属：蛙嘴翼龙属、蛙颌翼龙属、树翼龙属和热河翼龙属。Döderlein (1923) 命名了蛙嘴翼龙属，Nopcsa (1928) 最早提出将蛙嘴翼龙属归入喙嘴龙科的蛙嘴翼龙亚科 (Anurognathinae)。Riabinin (1948) 命名了蛙颌翼龙属，并指出其与蛙嘴翼龙属具有非常相近的关系。Kuhn (1967) 将蛙嘴翼龙科作为与喙嘴龙科并列的分类单元。姬书安和季强 (1998) 命名了树翼龙属，不过将其归入了喙嘴龙科。汪筱林等在命名热河翼龙属时，将其与树翼龙属一起归入了蛙嘴翼龙科 (Wang et al., 2002)。

蛙嘴翼龙类最显著的特征是头骨比较短、宽，与其他任何翼龙类群都不一样，此外，蛙嘴翼龙类的牙齿细长、弯曲，并具有锋利的齿尖，颈椎又短又粗，翼掌骨非常短，第五趾有两个加长的趾节。到目前为止，全世界发现的蛙嘴翼龙类化石很少，其中既有尾椎很短的种类 (Bennett, 2007b)，也有尾椎较长的种类 (Lü, Hone, 2012；

Jiang et al., 2015)，这也使蛙嘴翼龙科的系统发育位置更加难以确定。

蛙嘴翼龙类在中国辽西、哈萨克斯坦卡拉套和德国索伦霍芬都有发现。时代范围从晚侏罗世延续到早白垩世。

4.1.1 热河翼龙

热河翼龙产自内蒙古宁城道虎沟，是在道虎沟化石层发现的第一件翼龙标本 (图4-1, 4-2)，目前仅有1属1种，其正型标本翼展达到90 cm，是世界上已发现的最大的蛙嘴翼龙类个体 (Wang et al., 2002)。除正型标本外，还发现了一件未描述的归入标本 (图4-3)。

蛙嘴翼龙科 Anurognathidae (Nopcsa, 1928)

热河翼龙属 *Jeholopterus* (Wang et al., 2002)

宁城热河翼龙 *Jeholopterus ningchengensis* (Wang et al., 2002)

模式标本 (IVPP V 12705，现存于中国科学院古脊椎动物与古人类研究所) 是一件近乎完整的化石骨架，并保存了非常完整的翼膜和"毛"状皮肤衍生物，产于内蒙古宁城道虎沟，层位属于上侏罗统道虎沟层 (道虎沟组、蓝旗组) (Wang et al., 2002)。后来在同一地点相同层位发现的另一件基本完整的化石 (IGCAGS-02-81，现存于中国地质科学院地质研究所) 可以归入宁城热河翼龙 (季强，袁崇喜，2002)。

宁城热河翼龙是蛙嘴翼龙科成员，根据以下特征区别于其他蛙嘴翼龙类属种：个体较大；短尾；翼掌骨短于桡骨长度的1/4；翼指骨具4个指节；第五趾第一趾节较长且粗壮 (与跖骨一～四相当)，第二趾节直；第五趾长度为第三趾的1.5倍 (引自《中国古脊椎动物志》第二卷，2017)。

正型标本包括头骨、相互关联的头后骨骼，以及翼膜和遍布全身的"毛"状皮肤衍生物。已经愈合的肩胛骨和乌喙骨表明宁城热河翼龙的正型标本是一个亚成年或成年的个体。

热河翼龙的头骨形状与蛙嘴翼龙和蛙颌翼龙基本类

图 4-1　宁城热河翼龙（*Jeholopterus ningchengensis*）复原图　（赵闯 绘）

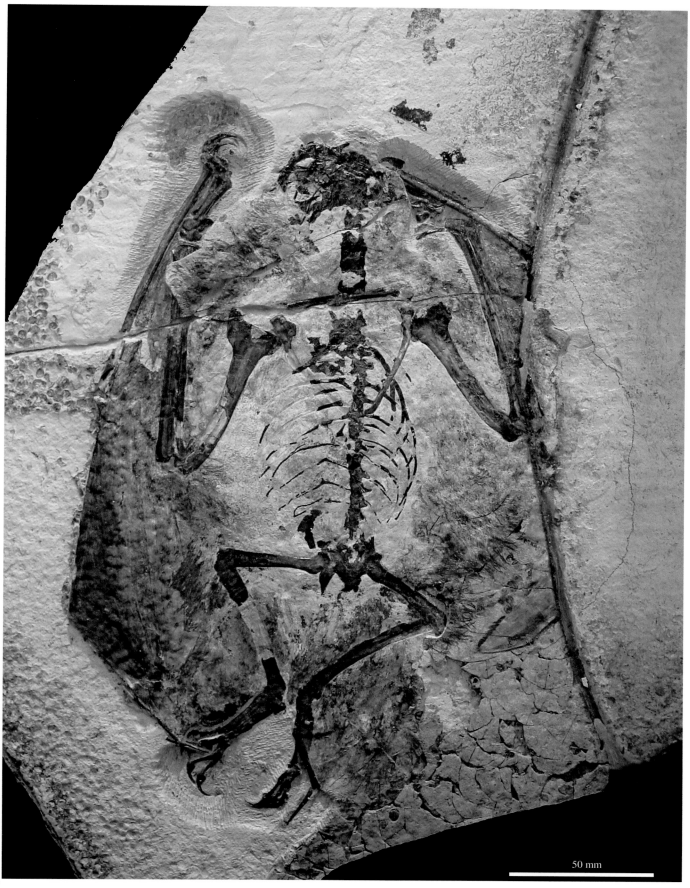

50 mm

图4-2　宁城热河翼龙（*Jeholopterus ningchengensis*）正型标本（IVPP V 12705）（Wang et al., 2002）

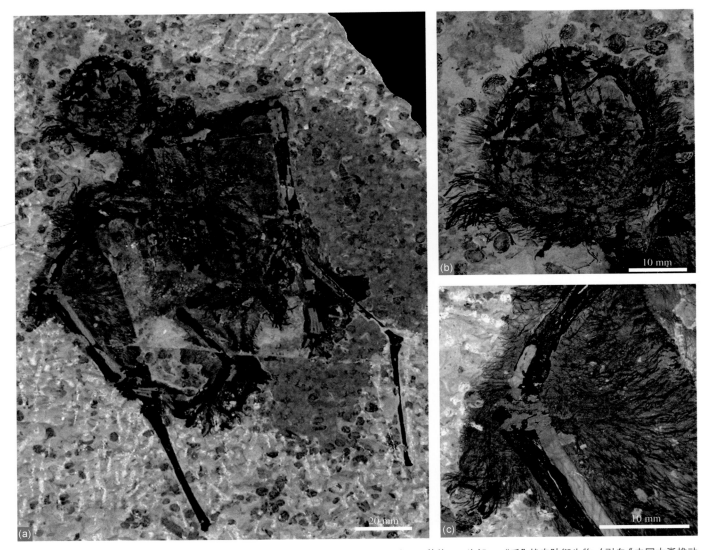

图4-3　宁城热河翼龙（*Jeholopterus ningchengensis*）归入标本（IGCAGS-02-81）　　a. 整体；b. 头部；c. "毛"状皮肤衍生物。（引自《中国古脊椎动物志》第二卷，2017）

似，属于典型的蛙嘴翼龙类头骨，与这两者相比更加短而宽，与产自义县组的弯齿树翼龙更加接近（图4-4a）。上、下颌都具牙齿，牙齿锋利，前部牙齿长且弯曲，后部牙齿稍短且直。

正型标本保存有约8枚颈椎，颈椎的长度特别短，远小于背椎和荐椎的长度。颈椎短而粗壮，与进步的翼手龙类颈椎区别明显，具有细小的颈肋。标本上没有保存尾椎，不过根据尾膜及该处"毛"状皮肤衍生物的分布特征推测，热河翼龙的尾很短。标本保存有5排腹膜肋，每一排由一根"V"形的中片和两个细薄且弯曲的侧片组成。腹膜肋向后依次变短。

肩胛骨与乌喙骨愈合在一起，肩胛骨长度约为乌喙骨的2倍。两侧肩胛骨在近端呈60°角相交于背椎中部。前肢很长，其中"肱骨+尺骨+翼掌骨"的长度约为"股骨+胫骨+第二跖骨"长度的1.5倍，翼指骨长度大致为股骨长度的6.3倍。肱骨粗壮，肱骨三角肌脊位于肱骨近端，长度较短，形状突出尖锐呈三角形（图4-4d, e）。肱骨骨干略微向前弯曲。尺骨和桡骨很直，长度约为肱骨的1.5倍。近端腕骨愈合，远端腕骨似未愈合。翅骨很短（图4-4e）。四个掌骨中，翼掌骨最为粗壮，长度约为尺骨长度的25%。翼爪尖而弯曲，长度约为脚爪的1.5倍。第一翼指骨长度最长，其次是第二翼指骨、第三翼指骨，第四翼指骨最短，长度仅为第一翼指骨长度的17%。

宁城热河翼龙保存了相当完好的翼爪和脚爪，它们很长并且弯曲，具有宽而高的近端和细而尖的末端，翼爪和脚爪都被棕色的角质爪鞘包裹（图4-4b）。角质爪鞘显示，宁城热河翼龙的翼爪和脚爪的总长度，应分别比骨骼部分长40%和20%。

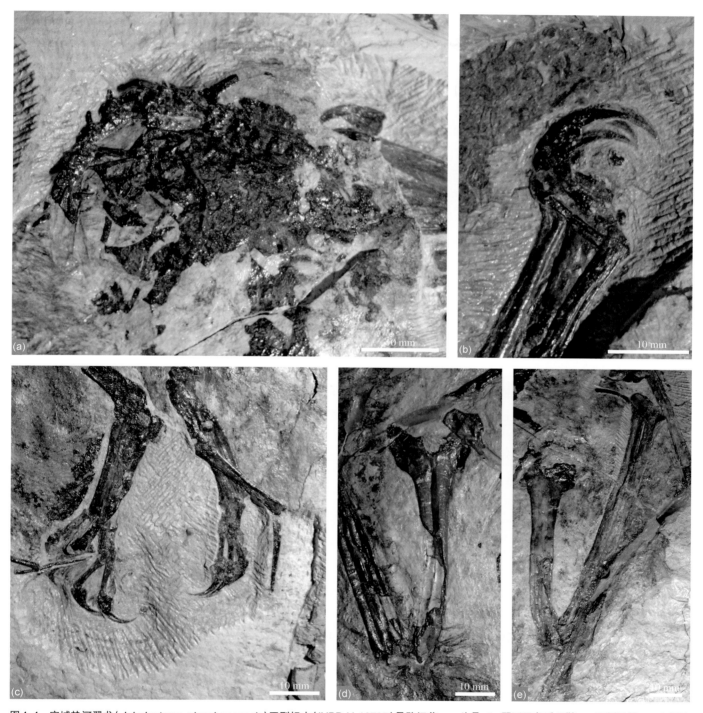

图4-4 宁城热河翼龙（*Jeholopterus ningchengensis*）正型标本（IVPP V 12705）骨骼细节 a. 头骨；b. 翼爪及角质爪鞘；c. 两侧足部；d. 左侧肱骨；e. 右侧肱骨、尺骨、桡骨及翅骨。（Wang et al., 2002）

翼指骨具有4个指节，是其他翼龙属种普遍存在的特征，但是区别于同属于蛙嘴翼龙科的阿氏蛙嘴翼龙（*Anurognathus ammoni*）。Bennet (2007b) 描述了一件非常完整的阿氏蛙嘴翼龙标本，该标本的翼指骨仅具有3个指节，因此被作为鉴别特征之一。不过，这件标本是一个未成年的个体，第四翼指骨的有无是不是不同个体发育

阶段的特征，有待更多化石材料的发现和进一步研究。

肠骨狭长，髋臼前端细长并向前变尖而后端较粗。坐骨与耻骨愈合。左侧前耻骨保存，呈细长棒状，是典型的非翼手龙类的特征。股骨很直。胫骨长度大于股骨。第一～四跖骨很直，互相平行，彼此长度近相等，约小于胫骨长度的一半。第五跖骨特别短，长度仅为第一～四

距骨的一半。趾式为2：3：4：5：2，这是典型的非翼手龙类特征 (图4-4c)。第五趾具2个趾节，两个趾节均又细又直，第二趾节远端变尖，长度略小于第一趾节。

正型标本保存了非常完好的翼膜和"毛"状皮肤衍生物。翼膜可以区分为前膜、主膜 (胸膜) 和尾膜。前膜分布于尺桡骨、翅骨和掌骨之间；主膜附着于前肢和翼指骨，并与后肢相连；尾膜分布于两腿之间。脚趾之间也分布有短小的纤维和脚膜的印痕。"毛"状皮肤衍生物则遍布全身。

4.1.2 树翼龙

树翼龙是辽西发现的第一个"喙嘴龙类"翼龙，姬书安和季强 (1998) 根据一件背腹向保存的翼龙标本命名了弯齿树翼龙，建立这一新属时使用的属名是"*Dendrorhynchus*"，后来发现这一拉丁语属名已被一种现生的蠕虫使用，所以将其属名修订为"*Dendrorhynchoides*" (Ji et al., 1999)。最早认为弯齿树翼龙具有一条长尾，并且中后部尾椎的神经弧与脉弧显著拉长 (姬书安，季强，1998)，然而之后的研究显示这一化石的长尾部分是伪造的 (Unwin et al., 2000)，在对尾椎形态进行详细描述的基础上，根据前几节尾椎逐渐变短的趋势推断弯齿树翼龙是一种短尾翼龙 (图4-5)。

树翼龙是一种小型的蛙嘴翼龙，基本特征包括：肱骨三角肌脊呈近三角形；翼掌骨很短，仅比尺骨长度的1/4稍长；第一翼指骨明显长于第二翼指骨；第二翼指骨与尺桡骨长度相近；胫骨与肱骨近等长；腓骨明显存在但细弱，其长约为胫骨的1/2；跖骨一~四几乎等长，跖骨五又短又直。

树翼龙属有2个种，分别为弯齿树翼龙和木头凳树翼龙。前者发现于辽宁北票张家沟，层位为下白垩统义县组尖山沟层 (汪筱林等，1999)，是热河生物群中唯一的"喙嘴龙类"属种。后者发现于河北青龙木头凳，层位是上侏罗统髫髻山组 (或称蓝旗组、道虎沟组或道虎沟层)，属于燕辽翼龙动物群。

树翼龙属 *Dendrorhynchoides* (Ji, Ji, 1998)

木头凳树翼龙 *Dendrorhynchoides mutoudengensis* (Lü, Hone, 2012)

正型标本 (JZMP-04-07-3，现存于锦州古生物博物馆) 是一具基本完整的骨架 (图4-6)，产自河北青龙木头凳，层位属于髫髻山组 (或称蓝旗组、道虎沟组或道虎沟层) (Lü, Hone, 2012)，时代为中晚侏罗世 (Zhou et al., 2010；Sulivanet al., 2014)。

木头凳树翼龙是蛙嘴翼龙科成员，具有如下的特征组合：头骨小且宽，头骨长约为宽的80%；双型齿，一些牙齿短、粗、直，另一些牙齿较长并具微弯的齿尖；具长尾；翼掌骨长度约为肱骨的40.7%；翼指骨具4个指节；第五趾第二趾节直 (引自《中国古脊椎动物志》第二卷，2017)。

正型标本保存情况不好，头骨碎成一团，头后骨骼大部分仅保存了印痕，荐椎之前的背椎基本丢失 (Lü, Hone, 2012)。标本是一个幼年的翼龙个体，一些在成年个体中愈合的骨骼，比如近端腕骨和远端腕骨、荐椎、肩胛骨和乌喙骨等都未愈合 (Bennett, 1993, 1995；Kellner, Tomida, 2000；Kellner, 2015)。

木头凳树翼龙的头骨前边缘呈圆弧形，后边缘很直，与热河翼龙属、蛙嘴翼龙属相比较窄，但是仍然表现出蛙嘴翼龙类的基本特征——头骨宽且短。具有两种形态的牙齿，其中一种牙齿很大、很短、很粗，稍稍弯曲，齿尖较钝，根部破碎不全，可以观察到表面釉质层有纵向的条纹；另外一种牙齿更长、更细，类似其他蛙嘴翼龙类的牙齿。而在已发现的其他蛙嘴翼龙中，只具有一种形态的牙齿。不仅如此，在所有翼龙属种中，具有两种形态牙齿的种类也非常稀少，如真双型齿翼龙属 (Kellner, 2015)。

尾椎虽然比较短 (相对于其他"喙嘴龙类")，但仍然是目前已发现的蛙嘴翼龙属种中最长的。标本共保存了近15枚尾椎，最前面三枚尾椎短而宽，其后的尾椎长度约为宽度的2倍，没有明显的前后关节突。研究者曾经一度认为蛙嘴翼龙类是一种具短尾的翼龙 (Wang et al., 2002；Bennett, 2007b)，这也是蛙嘴翼龙类的分类位置存在较大争议的原因之一 (Kellner, 2003；Unwin, 2003；Andres et al., 2014)，但木头凳树翼龙较长的尾椎证明蛙嘴翼龙类的尾椎情况非常复杂，有待进一步研究。

翼指骨具有4个指节，与蛙嘴翼龙属仅具有3个指节的情况不同 (Bennett, 2007b)；第五趾具2个趾节，第二趾节很直，区别于弯齿树翼龙弯曲的第二趾节，而与热河翼龙属相近似。

4.2 喙嘴龙类

喙嘴龙科是一类原始的翼龙类群，Seeley (1870) 建立了喙嘴龙科，当时仅包括喙嘴龙属一个成员 (图4-7)。根据分支系统学的定义，喙嘴龙科是包含了狭鼻翼龙属、丝绸翼龙属 (*Sericipterus*) 及其最近共同祖先和所有后裔在内的翼龙类群。在中国发现的喙嘴龙科属种包括长头

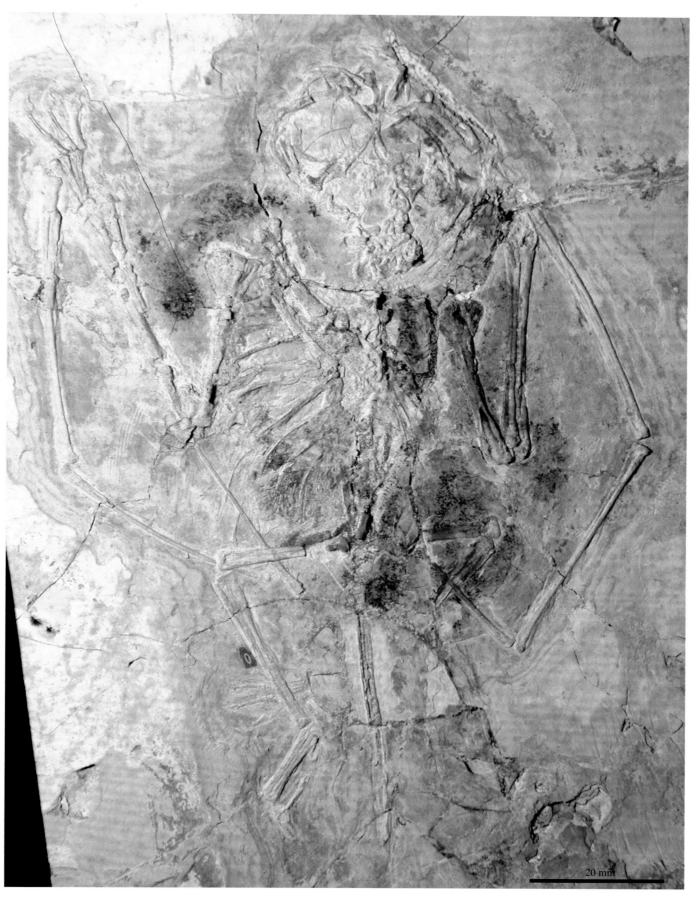

20 mm

图4-5 弯齿树翼龙(*Dendrorhynchoides curvidentatus*)正型标本(GMC V2128)（引自《中国古脊椎动物志》第二卷,2017）

20 mm

图4-6　木头凳树翼龙（*Dendrorhynchoides mutoudengensis*）正型标本（JZMP-04-07-3）（引自《中国古脊椎动物志》第二卷，2017）

狭鼻翼龙、威氏翼手喙龙、五彩湾丝绸翼龙 (*Sericipterus wucaiwanensis*)、郭氏青龙翼龙等。

喙嘴龙科的主要特征包括：头骨较蛙嘴翼龙和双齿型翼龙 (*Dimorphodon*) 更加低矮和平滑；眼眶一般是头骨上最大的孔；牙齿单尖，细长并前倾，或短并垂直；吻部最前端一般无齿；方骨垂直或稍微倾斜；髋臼前突一般较髋臼后突长；前耻骨一般细长并具侧突。

到目前为止，在中国、德国、古巴和英国都有喙嘴龙科翼龙的化石分布，所属时代为侏罗纪。

4.2.1 翼手喙龙

翼手喙龙是道虎沟化石层发现的第二个翼龙类型，而且与热河翼龙在形态上区别很大 (Czerkas, Ji, 2002)。最初建立翼手喙龙属时，其被归入喙嘴龙科。Unwin (2006) 将翼手喙龙属归入掘颌翼龙科，但没有给出具体理由。Bennett (2014) 总结了掘颌翼龙科的基本特征，认为翼手喙龙属与掘颌翼龙类差别很大，并将其从掘颌翼龙科移除。

喙嘴龙科 Ramphorhynchidae (Seeley, 1870)
翼手喙龙属 *Pterorhynchus* (Czerkas, Ji, 2002)
威氏翼手喙龙 *Pterorhynchus wellnhoferi* (Czerkas, Ji, 2002)

正型标本 (IGCAGS—02-2/DM 608，现由中国地质科学院地质研究所交流至美国布兰丁恐龙博物馆) 是一具近完整的骨架，产自内蒙古宁城道虎沟，层位属于髻髻山组 (或称蓝旗组、道虎沟组或道虎沟层) (Czerkas, Ji, 2002)，时代为中晚侏罗世 (Zhou et al., 2010; Sulivan et al., 2014)。

威氏翼手喙龙是喙嘴龙科成员，具有以下特征：头骨具矢状脊，脊由骨质的支撑部分和软组织部分组成；尾长与翼相当；尾膜延伸到尾的末端2/3处 (引自《中国古脊

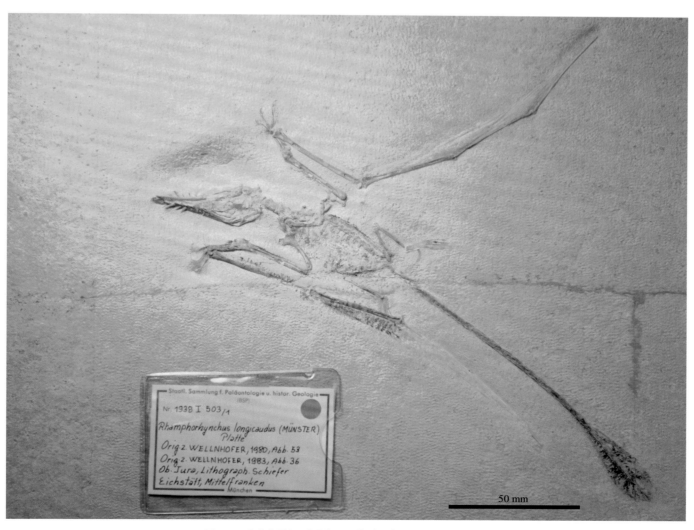

图4-7 喙嘴龙骨架 （现存于巴伐利亚古生物与地质博物馆）

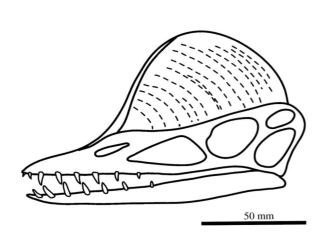

50 mm

图4-8 威氏翼手喙龙(*Pterorhynchus wellnhoferi*)正型标本 (IGCAGS-02-2/DM 608)头部线条图 （引自《中国古脊椎动物志》第二卷,2017)

椎动物志》第二卷,2017)。

正型标本包含了近乎完整的骨架,还有一些翼膜、尾膜、头脊的骨质部分和非骨质部分印痕,以及覆盖身体的"毛"状物。

根据描述,威氏翼手喙龙的头骨背侧具有一个形态非常特殊的头饰(图4-8)。头饰分为骨质部分和非骨质部分,高4 cm,长8 cm。在紫外线照射下,头饰骨质部分的前缘呈现出金黄色的荧光,头饰的非骨质部分没有保存任何存在褶皱的情况,因此推测该部分原来不是柔软的,而应为某种如角质般的坚硬的结构。威氏翼手喙龙的尾部特别长,估测共有45～50枚尾椎,是中国已发现的保存了最多数量尾椎的翼龙标本。这些尾椎被加长的前后关节突包围,是非翼手龙类的标准特征 (Czerkas, Ji, 2002)。

4.2.2 青龙翼龙

青龙翼龙属发现于河北青龙木头凳,并以发现地点作为属名。该套地层与道虎沟、玲珑塔化石产地的地层层位相当。

青龙翼龙属 *Qinglongopterus* (Lü et al., 2012)

郭氏青龙翼龙 *Qinglongopterus guoi* (Lü et al., 2012)

正型标本 (DLNHM D3080和DLNHM D3081,现存于大连自然博物馆) 是一具近完整的骨架,产自河北青龙木头凳,层位属于髫髻山组 (或称蓝旗组、道虎沟组或道虎沟层) (Lü et al., 2012c) (图4-9),时代为中晚侏罗世 (Zhou et al., 2010;Sulivan et al., 2014)。

郭氏青龙翼龙是喙嘴龙科成员,并具以下特征组合:肩胛骨与乌喙骨长度相当;第一～三翼指骨近等长,第四

翼指骨很短,约为第一～三翼指骨的2/3;前趾骨末端具相对细长的突;第五趾第二趾节较第一趾节长 (引自《中国古脊椎动物志》第二卷,2017)。

郭氏青龙翼龙的头骨整体呈三角形,最宽处宽度约为总长度的1/2。与喙嘴龙属、矛颌翼龙 (*Dorygnathus*) 相比,青龙翼龙的头骨较宽、较短,但明显区别于蛙嘴翼龙类的头骨。下颌前端愈合形成齿骨联合,并具一个向前加长的、向上弯曲的骨突,与喙嘴龙属非常相似。同时,郭氏青龙翼龙的牙齿呈长钉状,细长、微微弯曲,齿尖锋利,齿间距很宽,也与喙嘴龙属近似。肩胛骨和乌喙骨、近端腕骨和远端腕骨、伸肌腱与第一翼指骨均未愈合,证明郭氏青龙翼龙的正型标本是一个未成年个体(Lü, et al., 2012c)。

4.3 掘颌翼龙类

掘颌翼龙类的分类经历了掘颌翼龙亚目 (Scaphognathoidea)、掘颌翼龙亚科 (Scaphognathoinae)、掘颌翼龙科的变化过程 (Hooley, 1913;Kuhn, 1967;Wellnhofer, 1978;Unwin, 2003;Cheng et al., 2012;Bennett, 2014)。掘颌翼龙科目前包括5个属,分别为产自德国的掘颌翼龙属 (*Scaphognathus*)、矛颌翼龙属,哈萨克斯坦的索德斯龙属,美国的抓颌翼龙属 (*Harpactognathus*),以及中国的建昌颌翼龙属。掘颌翼龙科是"喙嘴龙亚目"成员,具有如下的特征组合:下颌前端粗壮呈钝状,下颌支深且前后深度均匀;牙齿数量少,呈圆锥形且锋利,齿间距大;翼指骨短,四个指节中的任何一个都短于尺骨;第一翼指骨较第二、第三翼指骨短;第五趾具两个发达的趾节,第二趾节在中部弯曲呈约140°角 (引自《中国古脊椎动物志》第二卷,2017)。

虽然对掘颌翼龙科的划分范围和鉴别特征都存在争议,但是学界对这一类型的翼龙也存在着较为一致的认识:研究者广泛接受掘颌翼龙科是一类牙齿数量很少、齿间距大、下颌前端呈钝状、下颌支较深的翼龙。

建昌颌翼龙正型标本发现于辽宁建昌玲珑塔,时代属于晚侏罗世。这件标本发现于2008年8月,被发现时破碎不堪,不但正负面被劈开,而且碎裂成多个小块,经过中国科学院古脊椎动物与古人类研究所技术人员长时间的精心修理,这件原本面目全非的标本才呈现出现在的面貌。

模式属为强壮建昌颌翼龙,与产自德国索伦霍芬

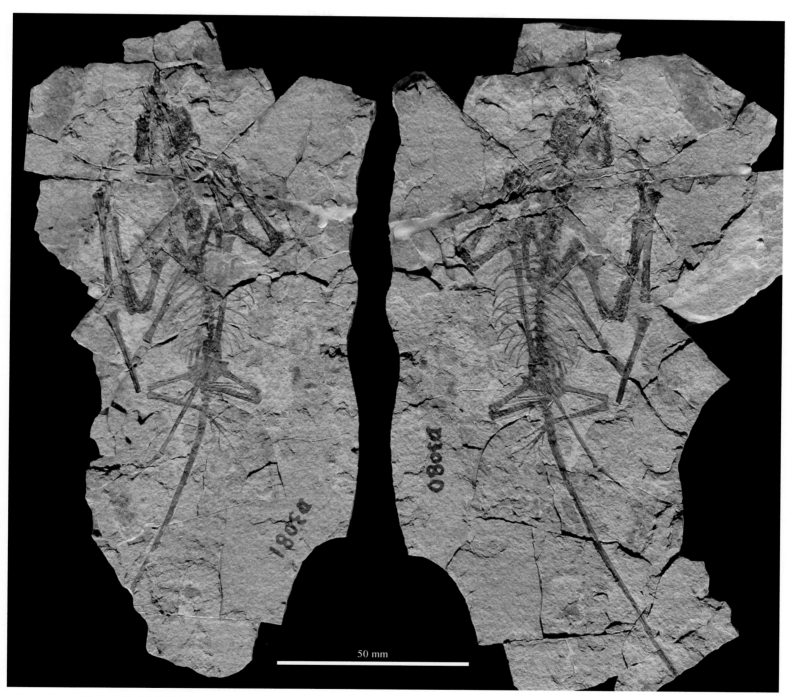

图4-9 郭氏青龙翼龙（*Qinglongopterus guoi*）正型标本（DLNHM D3080、DLNHM D3081）（引自《中国古脊椎动物志》第二卷, 2017）

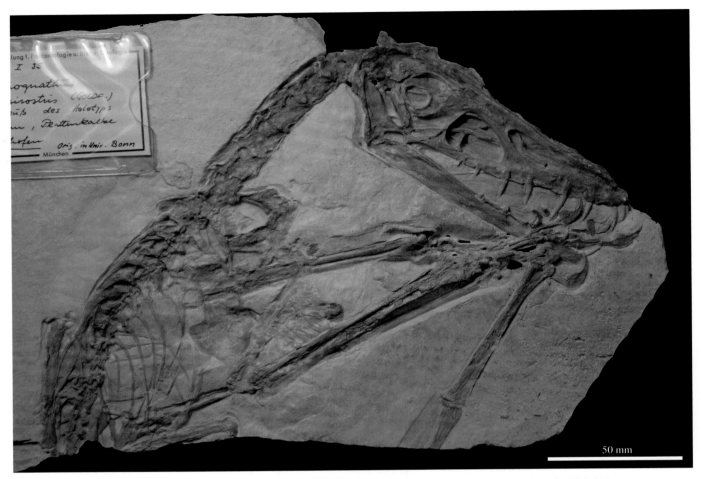

图4-10 粗喙掘颌翼龙（*Scaphognathus crassirostris*）正型标本模型 （现存于巴伐利亚古生物与地质博物馆）

灰岩的粗喙掘颌翼龙 (*Scaphognathus crassirostris*) (图 4-10) 十分相似，以致有研究者认为两者是同一个属种 (Bennett, 2014)。不过，两者除了发现地点相距遥远，在形态上也有所差异，所以仍然认为它们是不同的属种。

掘颌翼龙科 Scaphognathidae (Hooley, 1913)

建昌颌翼龙属 *Jianchangnathus* (Cheng et al., 2012)

强壮建昌颌翼龙 *Jianchangnathus robustus* (Cheng et al., 2012)

正型标本 (IVPP V 16866，现存于中国科学院古脊椎动物与古人类研究所) 为一具接近完整的骨架，包含完整的头骨，产自辽宁建昌玲珑塔，髫髻山组 (或称蓝旗组、道虎沟组或道虎沟层)，时代为晚侏罗世 (Cheng et al., 2012)。后来，一件产自相同地点、相同层位的标本 (PMOL-AP00028，现存于辽宁古生物博物馆) 也被归入这一属种 (Zhou, 2014)。

建昌颌翼龙属是掘颌翼龙科成员，以下列特征与其他掘颌翼龙科成员相区别：外鼻孔较掘颌翼龙属小；鼻眶前孔较掘颌翼龙属长；前上颌骨骨突较掘颌翼龙属向后延伸更长；上颌齿向前倾；轭骨上颌骨支长度达到眶前孔腹边缘的2/3；下颌两侧各具有5颗牙齿；位于齿骨前部的齿槽侧面中突；下颌前三对牙齿近平伏；第二掌骨是掌骨中直径最细的 (引自《中国古脊椎动物志》第二卷，2017)。

强壮建昌颌翼龙的正型标本是一件保存在浅灰色页岩板中基本完整的翼龙骨架，包括头骨及下颌，肩带和腰带仅有印痕，前肢和后肢部分骨骼缺失，翼指骨和足部比较完整，脊柱部分仅余颈椎和几枚尾椎 (图4-11，4-12)。根据一些尚未愈合的骨骼，判断该强壮建昌颌翼龙个体在死亡的时候为亚成年状态 (Bennett, 1993, 1995；Kellner, Tomida, 2000；Kellner, 2015)，这些未愈合的骨骼包括末端腕骨、近端腕骨、伸肌腱突与第一翼指骨、近端跗骨与胫骨。

正型标本的头骨缺失了外鼻孔及眶前孔背侧的部分骨骼，为左侧视保存，由于在埋藏的时候稍向左倾斜，部分右侧骨骼也暴露出来 (图4-13)。构成眼眶的骨骼在埋藏过程中离开了原来的位置，但是眼眶的背缘和腹缘显

100 mm

图4-11 强壮建昌颌翼龙（*Jianchangnathus robustus*）正型标本（IVPP V 16866）（Cheng et al., 2012）

图4-12 强壮建昌颌翼龙（*Jianchangnathus robustus*）复原图 （赵闯 绘）

示强壮建昌颌翼龙具有一个巨大的、圆形的眼眶。外鼻孔较小并且前后加长,其背缘和前缘受挤压变形而不能辨认。眶前孔较外鼻孔大,而且同样前后加长呈三角形。下颞孔为上窄下宽的梨形,是掘颌翼龙类的特征之一。分离的外鼻孔和眶前孔可以很容易地将强壮建昌颌翼龙与悟空翼龙类区分开来。

前上颌骨与上颌骨相愈合,它们之间的骨缝不显著。前上颌骨背侧前部很宽,向后一直延伸到两枚额骨中间,并形成了低矮的骨突。前上颌骨中间的部分向腹侧折断并保存在头骨之中。上颌骨构成了头骨的前侧面,以及外鼻孔的背缘和眶前孔的前缘。鼻骨保存不太好,鼻骨长直,形成外鼻孔的后缘,不参与形成眶前孔,与厚嘴掘颌翼龙的膨大的鼻骨不同。眶上骨长并变厚,移位到了眼眶之中,其中部与额骨相接,构成眼眶前边缘的部分同样变厚。额骨是构成头顶的主要骨骼,部分被前上颌骨后突覆盖,额骨与顶骨之间的骨缝很直。泪骨被鼻骨遮盖了一部分,泪骨腹突很宽并向腹后侧倾斜,没有观察到泪骨上具有孔。在泪骨旁边有一块粗厚、破碎的骨骼,可能为前额骨。眶后骨向腹侧移位,构成了眼眶的后缘,在后部与鳞骨形成了分隔上、下颞孔的骨桥,同时眶后骨构

成了上颞孔的腹缘以及下颞孔的背前缘。左侧轭骨保存基本完好,略微向背侧移位到眶前孔之中,轭骨具4个突,上颌骨突很长、呈棒状,构成了眶前孔下边缘的2/3,泪骨突十分粗壮,眶后骨突及后突均呈刀片状。头骨与下颌关节的部分十分破碎,观察到关节处具有一个孔。弯曲、加粗的方轭骨位于轭骨和方骨之间,构成了下颞孔的腹边缘。鳞骨构成头骨的后部,并形成了下颞孔的背边缘,具一个腹突,覆盖在方骨之上。在标本的眶前孔中可以观察到其他骨骼,其中一块扭曲成棒状,可能为右侧翼骨的前突。观察到部分左侧外翼骨位于左轭骨的腹侧,这块骨骼较宽,构成了颞下孔的前边缘及相对较小的后腭孔的后边缘。一块前端尖细的骨骼确定为左侧翼骨。在头骨后部可以观察到上枕骨和后耳骨的一部分。

下颌为侧腹向保存,下颌支部分折断并重叠在一起。与所有翼龙一样,齿骨是下颌的主要部分。在齿骨前端具一个前倾的突起,与喙嘴龙属和矛颌翼龙属的结构相似,不过较小。两侧齿骨在前端愈合在一起,形成的齿骨联合短,约为下颌长度的25% (图4-13)。两侧上隅骨都可以观察到,上隅骨前支很长,长度达到下颌的1/3。右侧下颌支保存为内侧视,可以观察到夹板骨。夹板骨呈

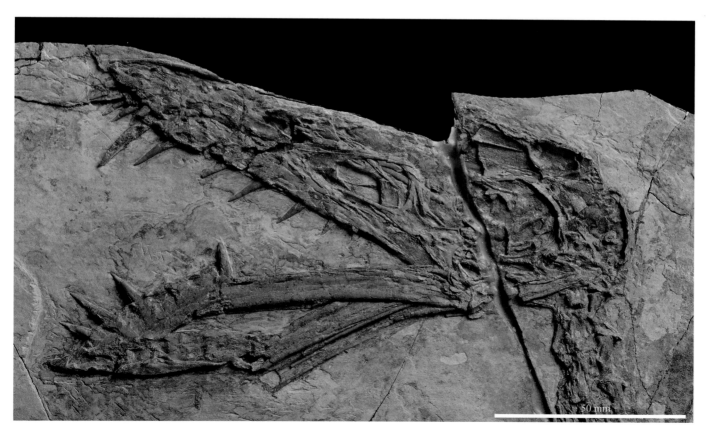

50 mm

图4-13 强壮建昌颌翼龙(*Jianchangnathus robustus*)头骨 (Cheng et al., 2012)

薄板状,腹侧和背侧都与齿骨相连。齿骨腹侧保存有两块细长的骨骼,判断为舌骨。

上颌两侧各具有9颗直的、表面光滑的牙齿,牙齿中等长度、较细并且齿尖很锋利(图4-13)。第一、第二颗上颌齿较短,第三颗是最长的,之后的牙齿逐渐变小,最后一颗位于眶前孔中部之下。除最前面三颗上颌齿之外,齿间距很大,约为齿槽宽度的3倍。除最后一颗上颌齿之外,其他8颗全都向前倾。下颌齿与上颌齿形状相似,在左侧保存了5颗,除第四颗以外均保存完整。保存下来的前三颗下颌齿向前倾,最后一颗则近垂直。全部下颌齿局限在下颌的前半部分,齿间距也很大,不过相比上颌齿的齿间距小。

该标本还保存了7枚相互关联的颈椎,全部为腹侧保存,第一、第二枚颈椎被头骨后部骨骼覆盖。颈椎全部前凹,并且十分粗壮,大小近相等,与悟空翼龙类加长的颈椎不同。颈椎后关节突具有明显的腹侧突起,与后关节突关节面相区别。没有在颈椎椎体上观察到孔的存在,不过在神经棘上保存有一个与喙嘴龙属类似的孔。标本上保存了一些颈肋,部分颈肋脱离了其原始位置。颈肋向后加长并且逐渐变细,可以达到后继颈椎椎体长度的1/2(图4-14a)。可以辨认7枚保存下来的尾椎。这些尾椎保存情况不好,在化石形成过程中扭曲变形,并被挤压成扁平状,但是它们仍然具有非翼手龙类典型的、由加长的前后关节突形成的骨棒。

在正型标本上观察到一些肩带骨骼碎片,保存为"V"字形,可惜大部分骨骼缺失了。与肩带骨骼一样,肱骨非常不完整,一部分在化石修理过程中丢失,造成了辨识上的困难。一块加长的骨骼覆盖于肱骨骨棒之上,其近端关节处微微弯曲,可能为乌喙骨。与后者相连的是另一块骨骼(位于右侧尺骨、桡骨之上),具有清晰的表面和小孔。根据骨骼位置,这可能是胸骨,不过由于保存状况不好,不能完全确定。可以观察到肱骨三角肌脊和肱骨骨棒的一部分,但是不能辨认其原始形状。可以确定的是,肱骨三角肌脊与肱骨骨棒近似垂直,而不是向近端偏转。两侧尺骨和桡骨均保存,左侧尺桡骨缺失了近端和远端的关节部分。与尺骨相比,桡骨直径稍细。右侧腕骨完好,为腹向保存。近端腕骨和远端腕骨都未愈合,并且都具有至少两个部分。侧腕骨较小,呈三角形。标本保存了右侧翅骨的印痕,翅骨很小,与近端腕骨相近,很可能与其他翼龙一样,翅骨与近端腕骨相关节。标本上只有一部分左侧远端腕骨的碎片可以辨认。能够观察

到两侧的掌骨,其中右侧掌骨保存情况较好(图4-14b)。第一、第二、第三掌骨很直并且与腕骨相关节。在掌骨远端,其长度减小,第一掌骨最短,其次为第二掌骨,第三掌骨最长(约为翼掌骨长度的89%)。这种掌骨长度上的差别在喙嘴龙属和矛颌翼龙属上未见报道。第二掌骨的直径最小,这同样是非翼手龙类的一个不寻常的特征。两侧指骨均为部分保存,其中左翼指骨相对完整。指式为2:3:4:4:0,与其他非翼手龙类相同。翼爪强壮并且侧面具有很深的槽。第一翼指骨具有未愈合的伸肌腱突,未观察到气孔。第一翼指骨较第三翼指骨稍短。由

图4-14 强壮建昌颌翼龙(*Jianchangnathus robustus*)骨骼细节
a. 颈椎;b. 手指;c. 足部。(Cheng et al., 2012)

于第四翼指骨保存不完整，无法估计其长度，从保存下来的部分判断，第四翼指骨较第一翼指骨稍短或相当。第二翼指骨最长。

腰带部分保存较差，仅有一些骨骼碎片，唯一能辨认的是一个肠骨的印痕，可能来自右侧肠骨，其前髋臼部分较后髋臼部分更加发育并且更长。两侧后肢骨骼保存不完整，并相互交叉，其中左侧后肢位于右侧后肢之上。尽管保存了两个股骨的中间部分和右侧胫骨，但没有提供任何相关的解剖学细节。左侧胫骨末端具有一个圆的关节，并且跗骨的近端未与之愈合。另外，标本保存了左侧腓骨的一部分，显示其直径相对较大。双侧足部均保存较好，其中左侧更加完整。趾式为2：3：4：5：2，是典型的非翼手龙类的特征。第五趾第二趾节弯曲，呈回旋镖形，近端部分与远端部分长度近似，呈135°角（图4-14c）。

强壮建昌颌翼龙与产自德国索伦霍芬灰岩的粗喙掘颌翼龙非常相似，具有以下一些共同特征：从侧面观察，齿骨前端相对下颌支后部更高；前上颌骨上具有一个较矮、较粗的骨质突起，与前上颌骨一起向后延伸；下颞孔呈梨形，腹边缘较背边缘更宽；上颌齿之间的距离很大，两颗牙齿之间约为3个齿槽的宽度；第五趾第二趾节在中部弯曲呈回旋镖形，弯曲前后部分大致等长；翼掌骨的长度最大，其他掌骨的长度依次递减，第一掌骨最短。这些特征可以考虑作为掘颌翼龙科的分类特征。强壮建昌颌翼龙与粗喙掘颌翼龙在牙齿数量上同样具有相似之处，这两者的牙齿很少，上颌齿只有18颗（左右两侧各9颗），下颌齿只有10颗（左右两侧各5颗），相似的特征同样出现在蛙嘴翼龙科成员的身上。

强壮建昌颌翼龙与粗喙掘颌翼龙之间最显著的差异在于前者的轭骨上颌骨支很长，齿槽中突，齿骨上前三颗牙齿近平伏。此外，强壮建昌颌翼龙的上颌齿大多向前倾斜，而在粗喙掘颌翼龙中这些牙齿是近垂直向下的。尽管强壮建昌颌翼龙背侧的部分骨骼破损，导致头骨上孔的形状不易辨认，不过可以确定的是相对于粗喙掘颌翼龙，强壮建昌颌翼龙的外鼻孔较小而眶前孔较长。强壮建昌颌翼龙与粗喙掘颌翼龙的头后骨骼在比例上十分相似，区别仅在于，前者的第三掌骨是掌骨中最细的，而后者的第一、第二、第三掌骨的直径基本相等。

与产自哈萨克斯坦卡拉套的多毛索德斯龙（Sordes pilosus）相比，强壮建昌颌翼龙最大的不同在于上下颌牙齿的数量。多毛索德斯龙在研究中被描述为上颌一共具

有14颗（左右两侧各7颗）牙齿、下颌一共具有12颗（左右两侧各6颗）牙齿，此外，多毛索德斯龙的牙齿呈钉状而且较强壮建昌颌翼龙的牙齿更小。强壮建昌颌翼龙与多毛索德斯龙的差别还表现在翼指骨指节的比例不同，以及多毛索德斯龙的翼掌骨长度相对齿骨和第一翼指骨的比例较小。另外，多毛索德斯龙的翼指骨第四指节与第一指节的比例明显较强壮建昌颌翼龙小。多毛索德斯龙同样具有回旋镖形的第五趾第二趾节，据之前的研究，第二趾节在弯曲位置前后其近端部分较末端部分更长，这是多毛索德斯龙区别于强壮建昌颌翼龙的另一个特征（Unwin, Bakhurina, 1994）。

支持珍氏抓颌翼龙（Harpactognathus gentryii）属于掘颌翼龙科的唯一特征是其上颌齿具有宽大的齿槽间距（Carpenter et al., 2003）。然而珍氏抓颌翼龙的正型标本非常不完整，缺失了牙齿和下颌。珍氏抓颌翼龙具有十分加长和背腹向压缩的外鼻孔，这是珍氏抓颌翼龙明显区别于粗喙掘颌翼龙和掘颌翼龙科的特征之一。珍氏抓颌翼龙具有的矢状前上颌骨突明显高于强壮建昌颌翼龙和粗喙掘颌翼龙所具有的相似结构。由于化石保存的原因，强壮建昌颌翼龙没有像珍氏抓颌翼龙一样保存为立体结构，没有保存前上颌骨和上颌骨的扇形侧面，也缺失了外鼻孔之下齿列边缘的波状轮廓，而这些都是珍氏抓颌翼龙的鉴定特征。强壮建昌颌翼龙与珍氏抓颌翼龙之间的另一个明显区别在于，前者前三颗上颌齿（很可能着生于前上颌骨之上）之间的距离较后者小。

4.4 悟空翼龙类

在悟空翼龙类被发现之前，古生物学家一般将翼龙分为两大类群，一类是颈短、具长尾（蛙嘴翼龙类除外）的较原始的"喙嘴龙类"，它们于晚三叠世出现，繁盛于侏罗纪，并在晚侏罗世消失（也有学者认为可能延续至早白垩世）；另一类是颈长、具短尾的较进步的翼手龙类，它们出现于晚侏罗世，并贯穿整个白垩纪，最后消失在6 500万年前的白垩纪大绝灭事件中。

国际著名翼龙研究专家P. Wellnhofer根据"喙嘴龙类"和翼手龙类的骨骼构造对比，认为翼手龙类应该是某种"喙嘴龙类"的后代。然而一直以来，古生物学家只发现了这两大类群的翼龙化石，却一直没有找到任何中间过渡类型的化石代表，这是困扰古生物学家多年的翼龙演化史上缺失的一环，直到悟空翼龙科被发现。悟空

翼龙类同时展现了翼手龙类和"喙嘴龙类"的特征，诸如愈合的鼻眶前孔、加长的颈椎、长尾、发达的第五趾等 (Wang et al., 2009,2010; Cheng et al., 2016)。

悟空翼龙科的主要特征有：愈合的鼻眶前孔；鼻骨突短；方骨后倾；齿骨联合短，小于下颌长度的1/3；上、下颌均具牙齿，牙齿较短且大小相当；颈椎加长，神经棘低矮，颈肋缩短或消失；翼掌骨加长，约为第一翼指骨长度的1/2；长尾，尾椎加长并被加长关节突形成的骨棒包围；第五趾第二趾节发达并弯曲 (引自《中国古脊椎动物志》第二卷，2017)。

到目前为止，悟空翼龙科共包括悟空翼龙属、达尔文翼龙属、鲲鹏翼龙属，以及两个可能的属——长城翼龙属和建昌翼龙属。所有已发现的标本都来自辽宁建昌玲珑塔 (包括潘氏长城翼龙的归入标本)，仅有潘氏长城翼龙的正型标本产自河北青龙木头凳，时代均为晚侏罗世。

4.4.1　悟空翼龙

2006年10月，汪筱林等在辽西野外考察时发现了一块翼龙化石，当时非常破碎，有十多块碎片，正、负面保存，骨骼分别保存在从中间劈开的岩石两侧，几乎很难看到完整的骨骼，这就是后来的李氏悟空翼龙正型标本。经过精心对接和专业修理，发现这是一件几乎完整的小型翼龙化石骨架，翼展约70 cm，最为奇特的是其骨骼不仅具有"喙嘴龙类"的特征，如长尾和发达的第五趾等，同时还具有许多翼手龙类的进步特征，如牙齿在吻端、长的颈椎和相对较长的翼掌骨等。2009年，汪筱林等根据这一标本，命名了李氏悟空翼龙 (图4-15)，其属名以我国著名的古典小说《西游记》主人公孙悟空命名，种名赠予化石修理者李玉同 (Wang et al., 2009)。

悟空翼龙科　Wukongopteridae (Wang et al., 2009)

悟空翼龙属　*Wukongopterus* (Wang et al., 2009)

李氏悟空翼龙　*Wukongopterus lii* (Wang et al., 2009)

正型标本 (IVPP V 15113，存于中国科学院古脊椎动物与古人类研究所) 包含了一具近完整的骨架，除头骨顶部与枕区部分骨骼缺失，其他骨骼全部保存完整并关联在一起，产自辽宁建昌玲珑塔，层位属于髫髻山组 (或称蓝旗组、道虎沟组或道虎沟层)，时代为晚侏罗世 (Wang et al., 2009)。

悟空翼龙属是悟空翼龙科成员，具有以下的特征组合与悟空翼龙科其他成员相区别：前两对前上颌齿突出于齿骨之外，且基本竖直；牙齿呈短圆锥状，齿尖锋利，

大小均匀，表面具纵纹；上颌具至少16对上颌齿；齿骨联合长度小于下颌长度的1/5；肠骨前髋臼部分较短且粗壮，呈圆柱状并向背侧弯曲；第五趾第二趾节在中部强烈弯曲成70°角 (引自《中国古脊椎动物志》第二卷，2017)。

汪筱林等 (2009) 描述并命名了上述保存于灰绿色粉砂质页岩中的近完整的翼龙骨架 (图4-16)。

李氏悟空翼龙的头骨明显是加长的，这是区别于蛙嘴翼龙类的特征 (图4-17)。头骨腹边缘很直，这与抓颌翼龙属波形的形态不同。前上颌骨没有横向膨大，这与狭鼻翼龙相区别。头骨保存下来的部分没有显示外鼻孔和眶前孔分离的证据，李氏悟空翼龙很可能具有鼻眶前孔。左侧方骨的腹面保存了下来，显示其向后倾斜成120°角，这与翼手龙类相近似。李氏悟空翼龙不具有类似喙嘴龙属向前突出的前上颌骨。李氏悟空翼龙的下颌很深，齿骨联合很短，约为下颌总长度的20%，与喙嘴龙属、矛颌翼龙属及翼手龙类相区别。

根据保留下来的牙齿和齿槽，推测李氏悟空翼龙左右两侧上颌各具16颗牙齿、下颌各具12颗牙齿。李氏悟空翼龙的最前面两对上颌齿突出于下颌前端，因此没有匹配的下颌齿。李氏悟空翼龙牙齿呈圆锥钉状，并具有椭圆形的横断面。所有牙齿较喙嘴龙属、掘颌翼龙属、矛颌翼龙属短。

标本保存了颈部中间到后部的6块颈椎，为背视 (图4-18a)。最后一块在形态上与后继的背椎相似，但比后者更大。所有保存下来的颈椎都具有颈肋并且加长，比其他非翼手龙类翼龙更长，与更进步的翼龙相似。这些颈椎的长度没有达到一些古翼手龙超科 (Archaeopterodactyloidea) 成员如寇氏翼手龙 (*Pterodactylus kochi*) 或神龙翼龙科成员的长度，但是与具冠德国翼龙 (*Germanodactylus cristatus*) 相似。颈椎神经棘呈刀片状并且相对较低，这与其他非翼手龙类翼龙相区别。标本保存了12个背椎，没有愈合形成联合背椎。背椎上的神经棘较颈椎上的要高，并且呈四边形。共有5枚荐椎，彼此相互愈合 (图4-18b)。标本缺失了尾椎的末端部分，尾椎被加长的椎体前后关节突围绕，这在非翼手龙类翼龙很常见。

标本保存有胸骨，并且完全骨化。肩胛骨较乌喙骨长，它们没有愈合。乌喙骨显示了发达的二头肌结节，但是缺少报道于长城翼龙属的深的乌喙骨隆缘。肱骨三角肌脊位置靠近近端。右侧的近端腕骨和远端腕骨未愈

图4-15 李氏悟空翼龙（*Wukongopterus lii*）复原图 （M. Oliveira 绘）

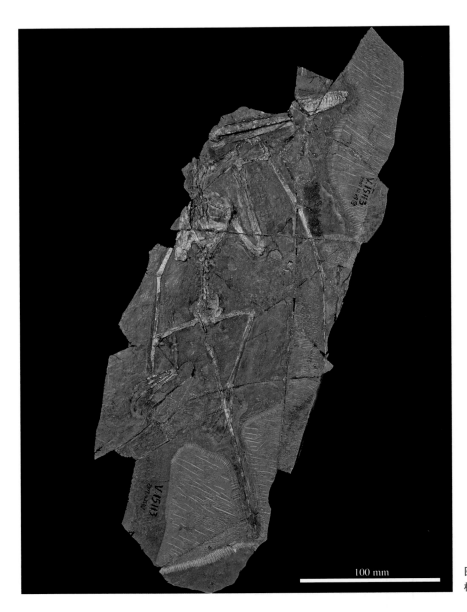

图4-16　李氏悟空翼龙（*Wukongopterus lii*）正型标本（IVPP V 15113）（Wang et al., 2009）

图4-17　李氏悟空翼龙（*Wukongopterus lii*）头骨及下颌 （Wang et al., 2009）

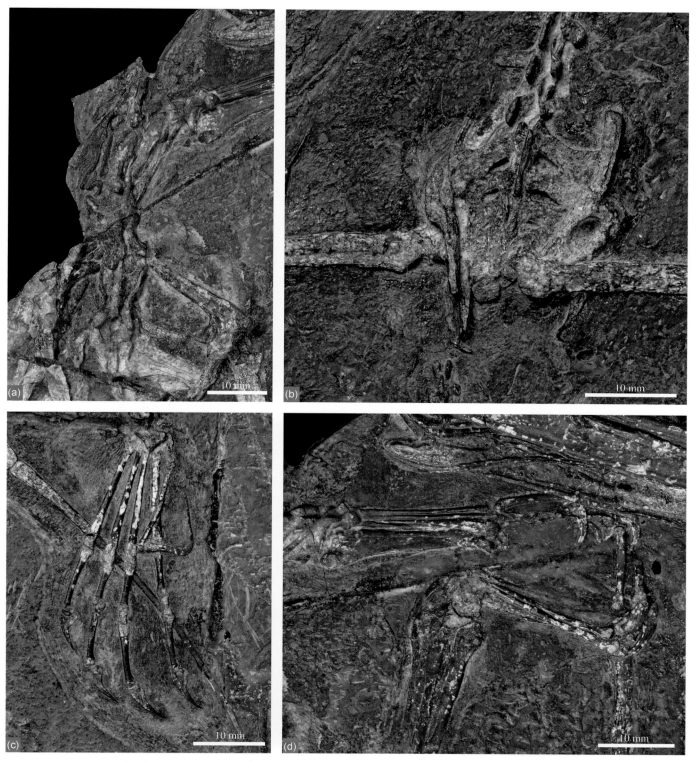

图4-18　李氏悟空翼龙（*Wukongopterus lii*）骨骼细节　a. 颈椎；b. 荐椎和腰带；c. 足部；d. 手指。（Wang et al., 2009）

合。悟空翼龙的翼掌骨较其他非翼手龙类翼龙长（相对于肱骨或第一翼指骨长度的比例），但没有达到极度加长的翼手龙类的程度（图4-18d）。

股骨比胫骨短，并且具有一个巨大的股骨头。两只脚都保存完好，趾式为2∶3∶4∶5∶2，是非翼手龙类翼龙的标准形式。第五趾的第一趾节较其他一些非翼手龙类翼龙（如喙嘴龙属）长，第二趾节的近端和远端极度弯曲，呈75°角（图4-18c）。

4.4.2 达尔文翼龙

达尔文翼龙属与悟空翼龙属一样，都发现于建昌玲珑塔大西山剖面，目前包含3个种。模式种为模块达尔文翼龙 (Lü et al., 2010a)，之后又陆续发现了玲珑塔达尔文翼龙和粗齿达尔文翼龙 (Wang et al., 2010；Lü et al., 2011a)。

命名粗齿达尔文翼龙时，归纳的达尔文翼龙属的鉴别特征包括：牙齿间距大，最长的牙齿位于齿列前半部；齿槽边缘膨大，但程度不及准噶尔翼龙；具愈合的鼻眶前孔；加长的颈椎，具低矮的神经棘，颈肋退化或消失；长尾，其至少20枚尾椎，由加长的前后关节突围绕；短的翼掌骨，长度小于肱骨长度的60%；第五趾具两枚加长的趾节，第二趾节弯曲约130° (Lü et al., 2011a)。这些特征中，第五趾第二趾节弯曲130°和最长的牙齿位于齿列前半部是模块达尔文翼龙的鉴别特征，而其他特征均属于悟空翼龙科的鉴别特征。

根据《中国古脊椎动物志》第二卷，达尔文翼龙属是悟空翼龙科成员，具有以下的特征组合与悟空翼龙科其他成员相区别：头骨后部加长；前上颌骨背缘具骨质脊；鼻骨突细；牙齿表面不具明显的纵纹；肠骨前髋臼部分加长；第五趾第二趾节在距近端1/3处弯曲成钝角。

达尔文翼龙属 *Darwinopterus* (Lü et al., 2010)

模块达尔文翼龙 *Darwinopterus modularis* (Lü et al., 2010)

正型标本 (ZMNH M8782，现存于浙江自然博物馆) 是一具不完整的骨架，包括头骨、下颌及部分头后骨骼，产自辽宁建昌玲珑塔，层位属于髫髻山组 (或称蓝旗组、道虎沟组或道虎沟层) (Lü et al., 2010a)，时代为晚侏罗世。命名这一属种时，一件产自相同地点、相同层位的标本 (YH-2000，现存于宜州化石馆) 被作为归入标本。

模块达尔文翼龙是达尔文翼龙属中的一个种，以下列特征与达尔文翼龙属其他成员相区别：头骨后部较玲珑塔达尔文翼龙更为加长；前上颌骨脊前端位于鼻眶前孔前缘之前；具15对牙齿，齿间距大，牙齿较细长，最长的牙齿位于齿列前半部；第五趾第二趾节弯曲成130°角 (引自《中国古脊椎动物志》第二卷，2017)。

模块达尔文翼龙的正型标本 (图4-19) 保存了头骨和下颌、接近完整的脊柱、部分胸骨和肩带骨骼、完整的腰带，以及部分肢骨。归入标本 (图4-20) 是一件近完整的骨架，缺失了部分头骨、胸骨、第一～三指骨和第一～五趾骨。

模块达尔文翼龙具有愈合的鼻眶前孔、倾斜的方骨、短的齿骨联合，这些都是悟空翼龙类的典型特征。头骨背侧具有一个长的、中等高度的、有锯齿状背缘的前上颌

100 mm

图4-19　模块达尔文翼龙 (*Darwinopterus modularis*) 正型标本 (ZMNH M8782) (引自《中国古脊椎动物志》第二卷, 2017)

100 mm

图4-20 模块达尔文翼龙（*Darwinopterus modularis*）归入标本（YH-2000）（引自《中国古脊椎动物志》第二卷，2017）

骨脊,从鼻眶前孔之前一直延伸到头顶。模块达尔文翼龙的第三～七枚颈椎加长,长宽比为2：1,颈肋退化或消失,神经棘低矮。尾部由超过20枚尾椎构成,除最前面的3～4枚尾椎外,其他尾椎都很长并被骨化的、呈棒状的、加长的前后关节突围绕。模块达尔文翼龙的第五趾具两个加长的趾节,第二趾节非常弯曲。这些也是悟空翼龙类的标准特征。

玲珑塔达尔文翼龙 *Darwinopterus linglongtaensis* (Wang et al., 2010)

正型标本 (IVPP V 16049, 现存于中国科学院古脊椎动物与古人类研究所) 包含了一具近完整的骨架,产自辽宁建昌玲珑塔,层位属于髻髻山组 (或称蓝旗组、道虎沟组或道虎沟层),时代为晚侏罗世 (Wang et al., 2010)。

玲珑塔达尔文翼龙是达尔文翼龙属中的一个种,以下列特征与达尔文翼龙属其他成员相区别:头骨后部较长,但程度小于模块达尔文翼龙;前上颌骨脊较小,骨质脊前缘位于鼻眶前孔前缘之后;鼻眶前孔加长,约为头骨的1/2;牙齿呈短的圆锥状;轭骨的泪骨支相对较细;轭骨的上颌骨支粗壮、加长;鼻骨突具有圆形的孔;肠骨前髋臼部分非常纤细,且前端稍微向腹侧弯曲;第五趾第二趾节弯曲115° (引自《中国古脊椎动物志》第二卷,2017)。

玲珑塔达尔文翼龙的正型标本保存在浅灰色页岩中 (图4-21),标本基本保存完整,仅缺失了部分颈椎,此外除部分椎体和腰带外,骨骼基本保持关联状态 (Wang et al., 2010)。

头骨保存为右侧视,清楚地显示外鼻孔与眶前孔愈合成为鼻眶前孔 (图4-22)。头骨长度 (从吻端至鳞骨) 约为119.2 mm,与模块达尔文翼龙正型标本相比体型很小。不过,玲珑塔达尔文翼龙的眼眶很大,眼眶下边缘宽阔,明显区别于模块达尔文翼龙。前上颌骨脊起始于鼻眶前孔背侧中部,向后延伸到眼眶之上,背缘呈锯齿状,其上可能具有角质延展的部分。鼻骨加长,背部很宽,并且具有一个圆形的气孔。眶后骨呈三角形,脱离了原始位置向后位移到头骨之后。顶骨构成头骨后部背缘,稍向后伸长,不过程度小于模块达尔文翼龙。轭骨的泪骨支很细,稍向前倾。方骨向后倾斜。枕髁很圆,指向后腹侧。

头后骨骼清晰地展示了愈合程度,伸肌腱与第一翼指骨、近端腕骨和远端腕骨都没有愈合,同时,荐椎已经愈合。一些骨骼连接得非常紧密,但中间仍有明显

的骨缝,证明它们尚未愈合,如肩胛骨和乌喙骨以及近端跗骨和胫骨。基于以上这些骨骼的愈合情况和目前对翼龙个体发育的研究 (Bennett, 1993, 1995；Kellner, Tomida, 2000；Kellner, 2015),可以判断玲珑塔达尔文翼龙的正型标本不是一个幼年或者年轻个体,而是一个亚成年个体。

玲珑塔达尔文翼龙的颈椎中等程度加长,是悟空翼龙类的特征之一。荐椎由5枚椎体愈合形成,其中后四枚的横突和神经棘已经完全愈合,第一枚愈合程度稍低,显示其正处于愈合过程之中。尾椎加长并被前后关节突形成的棒状骨质结构包围。

玲珑塔达尔文翼龙正型标本的胸骨保存为背视,缺失了胸骨前突,整体呈心形 (图4-23a)。肩胛骨稍长于乌喙骨。肱骨三角肌脊靠近肱骨近端 (图4-23c)。肱骨背侧靠近肱骨近端约1/2的位置具有一个小的孔。尺骨、桡骨保存完整,其中桡骨的直径小于尺骨,但超过尺骨直径的一半。两侧的侧腕骨在腕骨窝处都具有发育的籽骨,加长的、稍微弯曲的翅骨都清晰地与近端腕骨关节在一起。与其他悟空翼龙相似,玲珑塔达尔文翼龙的翼掌骨相对于第一翼指骨和肱骨加长,程度超过其他非翼手龙类,但小于翼手龙类。第一、第二、第三掌骨都很细,长度相当并与末端腕骨相连。与其他悟空翼龙类相似,玲珑塔达尔文翼龙第一翼指骨的近端关节面凹,末端关节面凸。第一翼指骨是4个翼指骨中最短的。

肠骨、耻骨和坐骨愈合在一起。肠骨的前髋臼部分很长,比悟空翼龙属和其他非翼手龙类 (如双型齿翼龙、曲颌形翼龙) (Wellnhofer, 1978；Padian, 2008a) 更加发育 (图4-23b)。股骨比较直,股骨头与股骨柄之间呈150°角。胫骨上保存有薄片状的腓骨,并且腓骨很显然没有接触到跗骨。足部保存完好,趾式为2：3：4：5：2。第一、第二跖骨最长,尺寸相当。第五跖骨很短,其近端较宽。第五趾具有2个趾节,第二趾节呈回旋镖形,末端和近端之间呈115°角 (图4-23d),大于李氏悟空翼龙,但小于中国鲲鹏翼龙。

粗齿达尔文翼龙 *Darwinopterus robustodens* (Lü et al., 2011)

正型标本 (HNGM 41HIII-0309A,现存于河南省地质博物馆) 包含了一具完整的骨架,产自辽宁建昌玲珑塔,层位属于髻髻山组 (或称蓝旗组、道虎沟组或道虎沟层) (Lü et al., 2011a),时代为晚侏罗世。

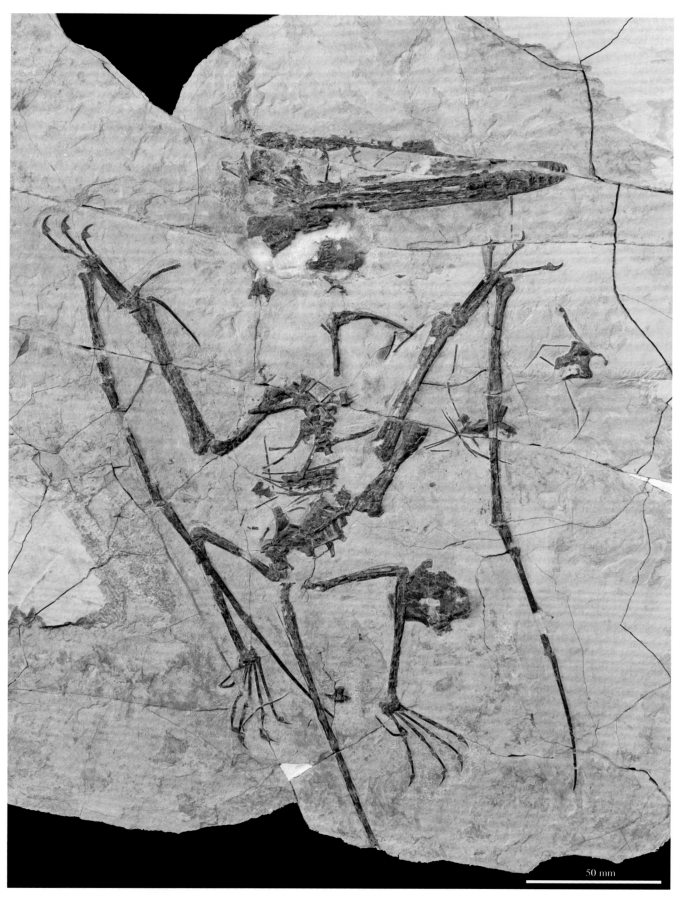

50 mm

图 4-21 玲珑塔达尔文翼龙（*Darwinopterus linglongtaensis*）正型标本（IVPP V 16049）（Wang et al., 2010）

图4-22 玲珑塔达尔文翼龙（*Darwinopterus linglongtaensis*）头骨（Wang et al., 2010）

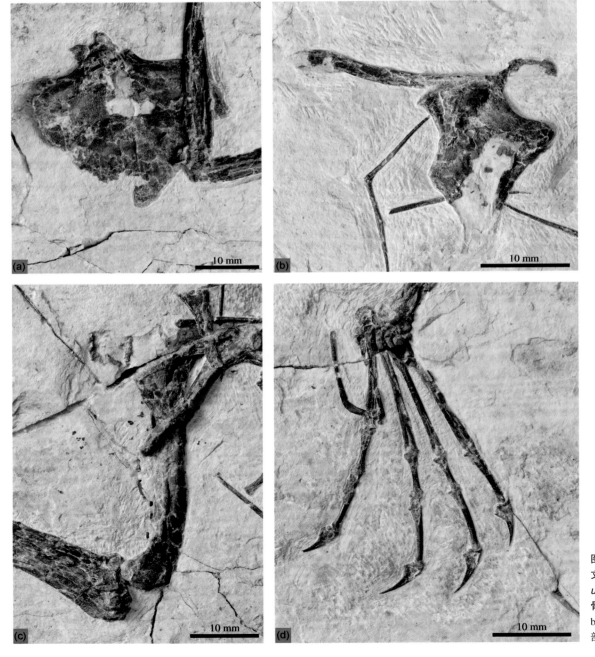

图4-23 玲珑塔达尔文翼龙（*Darwinopterus linglongtaensis*）骨骼细节 a. 胸骨；b. 腰带；c. 肱骨；d. 足部。（Wang et al., 2010）

粗齿达尔文翼龙是达尔文翼龙属中的一个种，以下列特征与达尔文翼龙属其他成员相区别：前上颌骨脊前端位于鼻眶前孔前缘之前；牙齿较模块达尔文翼龙粗且尖利；上颌具9对齿，下颌具11对齿（引自《中国古脊椎动物志》第二卷，2017）。

研究者根据这件完整的翼龙骨架（HGM 41HIII-0309A）命名了粗齿达尔文翼龙，化石保存完好，仅缺失了尾部末端，其他部分包括头骨和下颌仍然保持原位并互相关联（Lü et al., 2011a）（图4-24）。

粗齿达尔文翼龙具有愈合的鼻眶前孔，长度约为头骨长度的1/2。前上颌骨骨脊从吻部（鼻眶前孔前缘至吻端）后1/3处起始，一直向后延伸到眼眶之上。前上颌骨腹侧具有明显的沟槽，可能是嗅觉神经的通道，这一构造也见于另一件未命名的悟空翼龙类标本（Cheng et al., 2016）。轭骨具4个分支。方骨向后倾斜。正型标本保存下来的9枚上颌齿全部位于鼻眶前孔前缘之前，牙

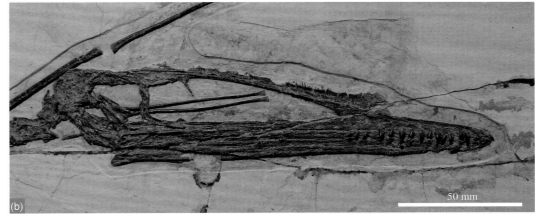

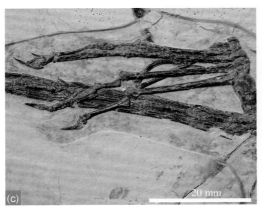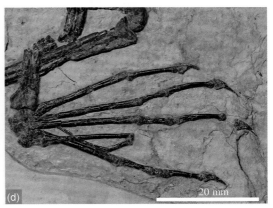

图4-24 粗齿达尔文翼龙（*Darwinopterus robustodens*）正型标本（HGM 41HIII-0309A）a. 整体；b. 头骨及下颌；c. 左脚；d. 右脚。（引自《中国古脊椎动物志》第二卷，2017）

齿在齿冠和齿根中间膨大，齿尖锋利。下颌齿有11枚。舌骨很长，未愈合，末端稍微膨大，长度大于下颌长度的1/2。

粗齿达尔文翼龙的颈椎神经棘低矮，呈刀片状，颈肋弱化或消失。背椎为前凹型，没有形成联合背椎，神经棘很高，侧面呈长方形。具有至少23枚尾椎。最前面4枚尾椎很短，之后的尾椎加长，前后关节突伸长并骨化。

胸骨板很薄，呈心形，与掘颌翼龙、翼手龙、岛翼龙、玲珑塔达尔文翼龙相似，但区别于具有近长方形胸骨的无齿翼龙、夜翼龙、喙嘴龙和曲颌形翼龙。龙骨突很短，与乌喙骨之间的关节面发育，形状细长。肩胛骨与乌喙骨愈合在一起，乌喙骨长度约为肩胛骨的2/3。乌喙骨与胸骨的关节面下凹，后侧具小的骨突。肱骨三角肌脊呈长方形，靠近肱骨近端。尺骨直径大于桡骨，两者长度近等。近端腕骨和远端腕骨分别愈合在一起。第一、第二、第三掌骨长度相当，翼掌骨稍长。第一翼指骨最短，其次为第四翼指骨，第二、第三翼指骨最长。

肠骨、坐骨和耻骨愈合在一起。肠骨的前髋臼部分很长并向腹侧弯曲。肠骨的后髋臼部分很短。前耻骨末端膨大。股骨长度小于肱骨，股骨柄很直，股骨头发育。第一、第二、第三跖骨长度相当，大于第四跖骨。第五趾第二趾节中部弯曲，近端和远端成130°角。

命名粗齿达尔文翼龙时，曾提出新种与模块达尔文翼龙的区别仅在于牙齿的数量、形态以及新种个体较模块达尔文翼龙小 (Lü et al., 2011a)。其中，粗齿达尔文翼龙具9对上颌齿和11对下颌齿，是非翼手龙类中唯一下颌齿数量多于上颌齿的物种 (Wellnhofer, 1978, 1991)，同时根据对化石的观察，在鼻眶前孔中部仍然具有齿槽和散落的牙齿，因此，粗齿达尔文翼龙的牙齿数量可能不止上颌9对和下颌11对。此外，粗齿达尔文翼龙和模块达尔文翼龙的牙齿形态，除了后者的牙齿较长并弯曲之外，并无明显不同。然而，这也可能是牙齿在化石埋藏和形成过程中移位造成的。粗齿达尔文翼龙的第五趾第二趾节在距近端约1/3处弯曲130°，与模块达尔文翼龙基本一致。粗齿达尔文翼龙与模块达尔文翼龙的关系，还需要更多的化石证据来证明。

4.4.3 鲲鹏翼龙

鲲鹏翼龙属 *Kunpengopterus* (Wang et al., 2010)

中国鲲鹏翼龙 *Kunpengopterus sinensis* (Wang et al., 2010)

正型标本 (IVPP V 16047，现存于中国科学院古脊椎动物与古人类研究所) 包含一具近完整的骨架，产自辽宁建昌玲珑塔，层位属于髫髻山组 (或称蓝旗组、道虎沟组或道虎沟层)，时代为晚侏罗世 (Wang et al., 2010)。

鲲鹏翼龙属是悟空翼龙科成员，具有以下的特征组合与悟空翼龙科其他成员相区别：头骨后部呈圆形；前上颌骨背缘平滑，不具骨质脊；轭骨的上颌骨支很短且纤细；鼻骨突粗壮，具与中轴近垂直的孔；额骨背侧具软组织突起；鼻眶前孔长度约为头骨的35%；牙齿呈短圆锥状，齿尖锋利，表面具纵纹；第五趾第二趾节在靠近近端处弯曲约137° (引自《中国古脊椎动物志》第二卷，2017)。

中国鲲鹏翼龙正型标本保存在灰色页岩中，包括了一个基本完整的翼龙个体 (图4-25)。

头骨很完整，保存为右侧视。头骨加长，与悟空翼龙属和达尔文翼龙属类似 (图4-26)。眼眶很大，与模块达尔文翼龙相比，眼眶下边缘较圆。外鼻孔和眶前孔愈合成鼻眶前孔，是悟空翼龙类具有的进步翼龙的特征 (Kellner, 2003；Unwin, 2003；Wang et al., 2010)。头骨后部一些不分叉、纤维状的软组织保存在额骨之上，很可能是软组织脊，相似的结构在义县组中的格格翼龙属 (*Gegepterus*) 有过报道 (Wang et al., 2007)。鼻骨具有加长的、很宽的鼻骨突，鼻骨突指向前腹侧。鼻骨突上具有一个椭圆形的孔，其长轴近垂直于头骨腹侧 (图4-26)。头骨后部呈圆形，与喙嘴龙属和索德斯龙属相似，但区别于达尔文翼龙属 (Wellnhofer, 1975, 1991；Wang et al., 2010；Lü et al., 2010a, 2011a) (图4-26)。轭骨的泪骨支较宽，近垂直，与模块达尔文翼龙相似，但不同于玲珑塔达尔文翼龙 (Wang et al., 2010；Lü et al., 2010a)。轭骨的上颌骨支较细，向前伸出构成鼻眶前孔的腹边缘。齿骨联合很短，长度小于下颌长度的25%。牙齿呈圆锥状，牙尖锋利。中国鲲鹏翼龙的第一、第二对上颌齿稍倾斜，而在李氏悟空翼龙中，它们是近垂直的 (Wang et al., 2009)。

中国鲲鹏翼龙正型标本头后骨骼的愈合情况显示出明显的成年特征，包括肩胛骨和乌喙骨、近端腕骨和远端腕骨，这些骨骼在进步翼龙的幼年和亚成年个体中都是未愈合的。另外，近端跗骨与胫骨紧密相连，两者之间观察不到任何骨缝，很可能它们也是愈合的，而在进步翼龙的未成年个体中该处也是不愈合的 (Bennett, 1993, 1995；Kellner, Tomida, 2000；Kellner, 2015)。

颈椎基本保存完整，包括第一～五以及最后两枚 (图

图4-25 中国鲲鹏翼龙（*Kunpengopterus sinensis*）正型标本（IVPP V 16047）（Wang et al., 2010）

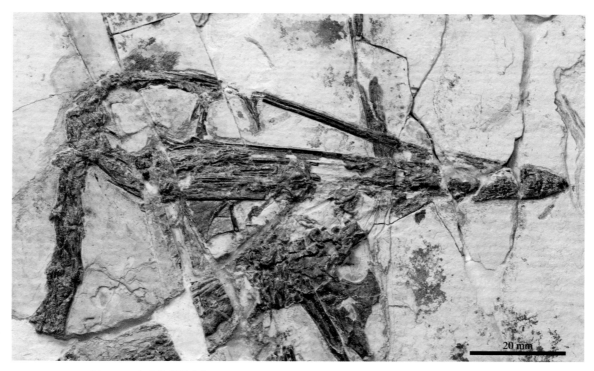

图4-26 中国鲲鹏翼龙（*Kunpengopterus sinensis*）头骨、下颌及颈椎 （Wang et al., 2010）

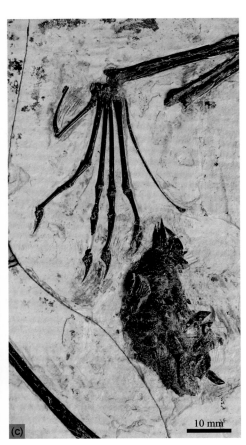

图4-27　中国鲲鹏翼龙（*Kunpengopterus sinensis*）骨骼细节　a. 胸骨、肩胛骨、乌喙骨和肱骨；b. 股骨；c. 足部和食物残留。（Wang et al., 2010）

4-26）。除枢椎和最后一枚颈椎外，其他颈椎都是加长型的，第三～五枚最长，其中几枚颈椎具有颈肋。神经棘呈很低的刀片状，由前向后逐渐增高。没形成联合背椎。长尾由加长的尾椎以及包围尾椎的、加长的棒状前后关节突围绕组成。

　　胸骨保存不完整，但是保存下来的部分显示，胸骨板很大，其前缘很直，向后稍倾斜（图4-27a）。肩胛骨比乌喙骨长。桡骨直径小于尺骨，但大于尺骨的1/2。翅骨很长，微微弯曲。翼掌骨相对于第一翼指骨和肱骨加长。第一、第二、第三掌骨与末端腕骨相连。第四翼指骨最短，其次为第一翼指骨，第二、第三翼指骨最长。

　　股骨很直，股骨头与股骨柄之间的角度为125°～130°（图4-27b）。胫骨加长，比股骨长约40%。足部保存完整，第二跖骨最长，第一、第三跖骨尺寸相当，第五跖骨最短。第五趾具有2个趾节，第二趾节在近端处弯曲，近端与远端呈137°角（图4-27c）。一块深色物体保存在靠近右脚和头骨吻端的位置（图4-27c），它很显然不是翼龙骨骼的一部分，包含了鳞片和部分鱼的骨骼，可能是翼龙的食物残留。

4.4.4　属种未定的悟空翼龙类

　　不久前，我们根据一件产自辽宁葫芦岛建昌玲珑塔大西山的标本（IVPP V 17959），描述了一个新的悟空翼龙科成员（Cheng et al., 2016）。标本保存于灰白色页岩板中，头部保存完好，前肢骨骼基本完整，脊椎、肩带、腰带、后肢骨骼零散破碎、部分缺失（图4-28）。

　　根据以下特征将其归入悟空翼龙科：愈合的鼻眶前孔；方骨后倾；上、下颌均具牙齿，牙齿较短且大小相当；颈椎加长，神经棘低矮，颈肋缩短或消失；翼掌骨加长，约为第一翼指骨长度的1/2；长尾，尾椎加长并被加长关节突形成的骨棒包围。IVPP V 17959具有以下特征组合，区别于其他悟空翼龙科成员：局限于头骨前端的前上颌骨骨脊，区别于达尔文翼龙属向后伸展至头骨顶部的前上颌骨骨脊，同时区别于头骨不具脊的鲲鹏翼龙属；鼻眶前孔长度约为头骨长度的55%，在已发现的悟空翼龙科成员中最长；泪骨具一个梨形的大孔，腹侧宽，背侧窄；鼻骨具细长的鼻骨突，在已发现的悟空翼龙科成员中最长；鼻骨不具孔，与玲珑塔达尔文翼龙和中国鲲鹏翼龙不同；轭骨的泪骨支较模块达尔文翼龙和中

100 mm

图4-28　未命名的悟空翼龙科标本（IVPP V 17959）（Cheng et al., 2016）

国鲲鹏翼龙更细；宽的眼眶腹缘；细小、间距很大的牙齿。然而，尽管IVPP V 17959具有区别于科内其他成员的特征，但由于标本保存得不完整，尤其是缺失了悟空翼龙科成员最关键的鉴别特征——第五趾，因此没有将该标本建立为新的属种。

根据一些已经完全愈合的骨骼，判断其在死亡的时候已经是一个接近成年的个体，这些愈合的骨骼包括近端腕骨、远端腕骨、伸肌腱突与第一翼指骨、肩胛骨与乌喙骨 (Bennett, 1993, 1995；Kellner, Tomida, 2000；Kellner, 2015)。

头骨保存为左侧视，外鼻孔和眶前孔愈合形成巨大的鼻眶前孔。眼眶前端近直立、后端圆滑，与模块达尔文翼龙呈锐角的眼眶下边缘完全不同。前上颌骨背侧具有一个非常低矮的骨质突起结构，该结构背侧平直，侧面具有向后倾斜的条状纹饰 (图4-29)。根据保存相对完整的鼻眶前孔中部骨骼的情况，前上

颌骨脊没有向后延伸到眼眶之上。鼻骨突较细，与鼻眶前孔背缘近垂直。左右两侧鼻骨突在远端愈合在一起，长度达到鼻眶前孔腹侧，是已发现的悟空翼龙科成员中鼻骨突最长的。泪骨内侧具有一个很大的孔，呈水滴状 (图4-30b)。IVPP V 17959是目前报道过的唯一泪骨具孔的悟空翼龙类标本。泪骨中部膨大，末端收敛，与轭骨泪骨支的接触部分很细。轭骨是一块四射形的骨骼，右侧轭骨保存完整，四个分支十分清晰，分别与上颌骨、泪骨、眶后骨、方骨及方轭骨相接。轭骨的泪骨支较细较长，保存过程中在中部折断，其原始形态应与头骨腹侧近垂直，长度约为鼻眶前孔后缘高度的1/2 (图4-30b)。轭骨的上颌骨支相对较短，并且比较粗壮，长度约为鼻眶前孔腹缘长度的1/5。轭骨的眶后骨支斜向后伸展，方骨与方轭骨支被右侧方骨遮挡。轭骨的形状显示眼眶具有近垂直的前下边缘以及圆滑的后边缘，这一点与玲珑

20 mm

图4-29　IVPP V 17959的头骨、下颌及右侧手指 （Cheng et al., 2016）

塔达尔文翼龙相似。方骨向后倾约130°。在右侧下颌支的内侧，齿骨、夹板骨、隅骨、上隅骨、关节骨共同形成了一个发达的内收肌窝（图4-29），显示新标本具有强大的咬合能力。关节骨具有一个明显的关节窝，与方骨相关节。牙齿呈细长的圆锥钉状，与李氏悟空翼龙和中国鲲鹏翼龙粗壮的牙齿不同。上颌保存有7颗牙齿或齿槽，齿间距很大，为5～7个齿槽宽度，与李氏悟空翼龙在相同位置上、排列很紧密的

牙齿区别明显。

颈椎保存不完整，并且很零散，仅寰椎比较完整，枢椎保存了前端部分，其后还有两块颈椎的碎片，另有一段不完整的颈椎呈背腹向保存（图4-30a，4-30c）。寰椎很短小，而且未与枢椎相愈合，寰椎的前关节突很短，后关节突细长。枢椎不完整，仅保存了椎体的前半部分和斜向后伸出的后关节突。寰椎和枢椎的关节面非常清晰，显示出前凹形的椎体特征。呈背腹向保存

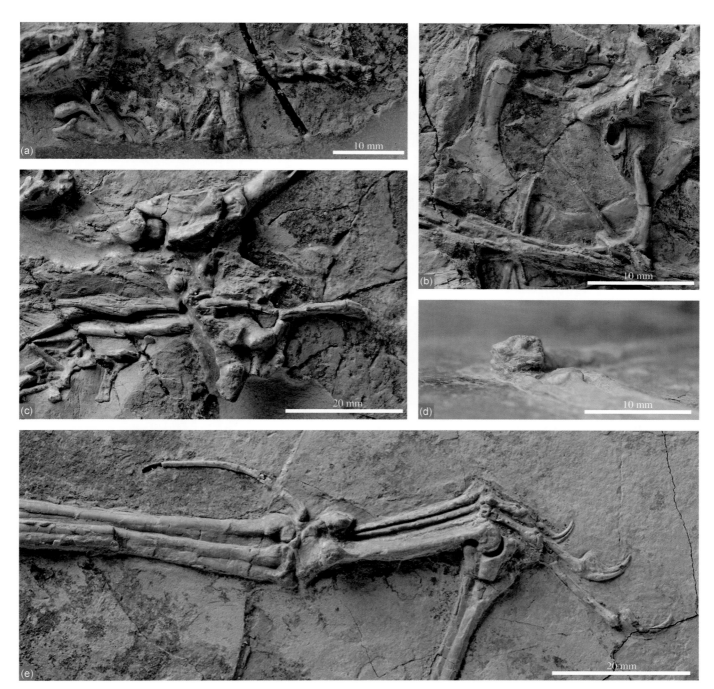

图4-30　IVPP V 17959的骨骼细节　a. 寰椎、枢椎、前部尾椎及股骨；b. 轭骨、泪骨及愈合的前耻骨；c. 颈椎、背椎和后部尾椎；d. 肱骨末端未愈合的骨骺；e. 左侧手指。（Cheng et al., 2016）

的颈椎明显加长，是悟空翼龙类区别于其他非翼手龙类的显著特点，神经棘低矮，呈刀片状，并且前关节突后侧发育有细长的颈肋（图4-30c）。IVPP V 17959的一段背椎保存在头骨下方，背椎具有细长的横突，以及高耸、四边形的神经棘（图4-30c）。有4枚细长的尾椎保存在标本中央，加长的椎体关节突形成的骨棒围绕在尾椎周围，另有尾部末端的6节椎体保存为印痕（图4-30c）。

肩胛骨和乌喙骨愈合在一起（图4-30c），两者共同构成了与肱骨相连的关节窝，肩胛骨和乌喙骨分别在近关节窝的位置具一个骨突，粗齿达尔文翼龙也有类似结构，但中国鲲鹏翼龙没有。标本保存了比较完整的左前肢，以及右侧腕骨和掌骨。左侧肱骨十分粗壮，肱骨末端骨骺未愈合（图4-30d）。肱骨与尺桡骨仍然保持原位，关联在一起。左侧桡骨的直径略小于尺骨，不过大于尺骨直径的1/2。左右两侧腕骨保存完好，愈合形成了近端腕骨和远端腕骨（图4-30e）。两侧掌骨区保存也很完整，翼掌骨是其中最为粗壮的，其他三个掌骨中第一掌骨较第二、第三掌骨直径稍大，不过长度相当，且都与腕骨相连。除翼指骨之外，第一指最短，其次为第二指，第三指最长，爪尖十分弯曲、锋利，并具有明显的沟槽。IVPP V 17959保存了细长而弯曲的左侧翅骨，从翅骨末端的印痕分析，翅骨末端并不尖锐，而是稍膨大。这种弯曲的翅骨，与玲珑塔达尔文翼龙、中国鲲鹏翼龙都不相同。两侧翼指骨的第一翼指骨均与伸肌腱突相愈合，这也是IVPP V 17959非幼年个体的标志（Bennett, 1993, 1995; Kellner, Tomida, 2000; Kellner, 2015）。

左右前耻骨背腹向保存，清楚地显示两侧前耻骨在中线处相连，骨缝平直（图4-30b）。前耻骨内侧边缘圆滑，近圆弧状；外侧边缘近端圆滑，与内侧边缘平行，末端膨大。由于被其他骨骼遮盖，不能确定前耻骨的具体形状。两个股骨均断成几节，不过股骨头十分发达并且保存完整，股骨头颈部与骨干约成130°角（图4-30a）。

4.4.5 疑似的悟空翼龙类

建昌翼龙属 *Jianchangopterus*（Lü, Bo, 2011）

赵氏建昌翼龙 *Jianchangopterus zhaoianus*（Lü, Bo, 2011）

正型标本（YHK-0931，现存于宜州化石馆）是一件基本完整的化石骨架，包括完整的头骨和下颌，产自辽宁建昌玲珑塔，层位属于髫髻山组（或称蓝旗组、道虎沟组或道虎沟层）（Lü, Bo, 2011），时代为晚侏罗世。

建昌翼龙属建立时，根据相对短的头骨、短的翼指骨、第一翼指骨短于第二和第三翼指骨、尺骨较任何翼指骨长、第五趾长等特征将其归入掘颌翼龙科（Lü, Bo, 2011）。Bennett（2014）指出赵氏建昌翼龙正型标本的下颌支前端是尖锐突出的，同时下颌支也不似掘颌翼龙科其他成员呈现均匀的、深的形态，第五趾第二趾节弯曲的位置不在中部，而是与喙嘴龙属类似在近端，据此将建昌翼龙属排除在掘颌翼龙科之外。根据描述，赵氏建昌翼龙正型标本的上颌骨具有一个明显的凹陷，被认为是眶前孔的前缘。根据图版，建昌翼龙属的眶前孔前缘十分靠近吻端，眶前孔背缘与头骨背缘近平行（Lü, Bo, 2011）。赵氏建昌翼龙正型标本的头骨前部保存基本完好，骨骼、牙齿都保存在原位，从眶前孔前缘的形态和位置判断，建昌翼龙属可能并不具有独立的外鼻孔，而是类似悟空翼龙科具有外鼻孔和眶前孔愈合形成的鼻眶前孔（Wang et al., 2009, 2010; Lü et al., 2010a），同时建昌翼龙属第五趾第二趾节的形态与鲲鹏翼龙属非常相似。因此，我们认为建昌翼龙属很可能是悟空翼龙科成员。

研究者报道了这件产自建昌玲珑塔的未完全修理的标本（YHK-0931），并将其命名为赵氏建昌翼龙。化石分为正负两面（Lü, Bo, 2011）（图4-31）。

头骨侧面呈三角形，吻端较短且尖锐。头骨长度约为其最大高度的3倍。标本保存有7对上颌齿，6对下颌齿，齿尖锋利，稍微向后腹侧弯曲。颈椎具有颈肋。标本保存了至少25枚尾椎，其中第一～四尾椎短而粗，其后的尾椎加长，并被加长的前后关节突和脉弓围绕。肱骨三角肌脊很小，位于肱骨柄近端，肱骨柄很直。近端和远端腕骨均未愈合。第二、第三翼指骨指节长度相当，大于第一翼指骨，第四翼指骨最短。肠骨的前髋臼部分很长，后髋臼部分很短。坐骨后边缘呈圆弧形。前耻骨近端具明显的骨柄，远端膨大成扇形。股骨和胫骨很直，腓骨末端与胫骨愈合。近端跗骨和远端跗骨均未愈合。第五趾具2个趾节，第二趾节稍弯曲，与中国鲲鹏翼龙近似。

长城翼龙属 Changchengopterus（Lü, 2009）

潘氏长城翼龙 *Changchengopterus pani*（Lü, 2009）

长城翼龙属建立时，依据的是一件缺失了头骨的标本，被归入喙嘴龙科，根据分支系统学分析，长城翼龙

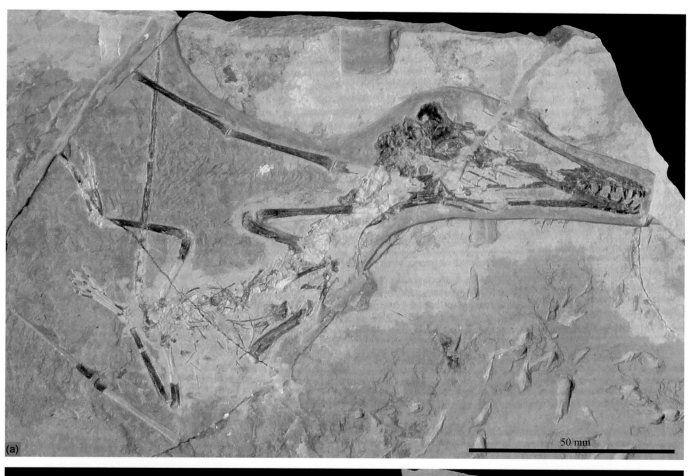

图4-31　赵氏建昌翼龙（*Jianchangopterus zhaoianus*）正型标本（YHK-0931）　a. 正面；b. 负面。（引自《中国古脊椎动物志》第二卷，2017）

属靠近基干的位置，位于矛颌翼龙属和曲颌形翼龙属 (*Campylognathoides*) 之间 (Lü, 2009)。汪筱林等根据长城翼龙属加长的颈椎和翼指骨的长度比例，将长城翼龙属暂时归入悟空翼龙科 (Wang et al., 2010)。周长付等描述了另一件缺失了头骨的潘氏长城翼龙标本 (Zhou, Schoch, 2011)，颈肋退化消失、颈椎加长、第五趾具2个趾节、第二趾节弯曲等都是悟空翼龙类的典型特征。因此，长城翼龙属暂时成了悟空翼龙科成员。然而，第二件标本中3枚后部颈椎的加长程度明显大于正型标本，这两件标本是否属于同一个属种 (潘氏长城翼龙)，还有待于进一步研究。

正型标本 (CYGB-0036，现存于朝阳鸟化石国家地质公园) 包含一具不完整的骨架，头骨和下颌缺失，产自河北青龙木头凳，层位属于髫髻山组 (或称蓝旗组、道虎沟组或道虎沟层) (Lü, 2009)，时代为中晚侏罗世 (Zhou et al., 2010；Sulivan et al., 2014)。后来，一具产自辽宁建昌玲珑塔的不完整翼龙骨架 (PMOL-AP00010，现存于辽宁古生物博物馆) 也被归入这一属种 (Zhou, Schoch, 2011)。

潘氏长城翼龙是"喙嘴龙亚目"成员，具有以下的特征组合：相对短的尾椎关节突和脉弧，肱骨三角肌脊呈近三角形，尺骨>第二翼指骨>第三翼指骨=第一翼指骨>肱骨>胫骨>股骨>翼掌骨 (引自《中国古脊椎动物志》第二卷，2017)。

正型标本缺失了头骨和下颌，以及部分颈椎和翼指骨 (图4-32) (Lü, 2009)。保存下来的颈椎背侧视呈正方形，神经棘低矮。保存了至少26枚尾椎，前后关节突相对较短。肩胛骨明显长于乌喙骨。肱骨稍弯曲，肱骨三角肌脊很短、位置靠近肱骨柄，呈近三角形。尺骨和桡骨的

图4-32　潘氏长城翼龙 (*Changchengopterus pani*) 正型标本 (CYGB-0036) (引自《中国古脊椎动物志》第二卷，2017)

图4-33 潘氏长城翼龙(*Changchengopterus pani*)归入标本(PMOL-AP00010)〔引自《中国古脊椎动物志》第二卷,2017〕

直径和长度均相等。两侧近端和远端腕骨均未愈合。翅骨呈棒状,近端稍微膨大。翼掌骨相对较短,仅为肱骨长度的60%。伸肌腱与第一翼指骨未愈合。第一、第二、第三翼指骨长度相似。胫骨稍弯曲且相对较粗,长度为股骨的119%,这一比例在非翼手龙类中不常见。近端跗骨未愈合,与胫骨末端也未愈合。

归入标本缺失了头骨和下颌、前三枚颈椎和部分尾椎,以及一些肢骨(图4-33)(Zhou, Schoch, 2011)。翼展约为0.7 m。根据骨骼的愈合情况,推测其为一个成年的个体。颈椎为前凹型,背视呈近长方形,长大于宽,与悟空翼龙和达尔文翼龙相似,与正型标本背视呈正方形的颈椎不同。颈椎神经棘低矮,呈刀片状。尾椎明显加长,椎体长度约为宽度的2倍。肩胛骨和乌喙骨愈合,肩胛骨长于乌喙骨。乌喙骨在关节窝之下具有发育的二头肌脊。胸骨后边缘呈近三角形。肱骨三角肌脊位于肱骨近端。近端腕骨和远端腕骨分别愈合。翅骨为细长的骨棒,稍弯曲,近端粗,末端尖锐,与玲珑塔达尔文翼龙相似(Wang et al., 2010)。第一、第二、第三翼指骨长度近似。胫跗骨愈合在一起。腓骨近端与胫跗骨愈合。第五趾具2个细长的趾节,第二趾节在近端1/3处强烈弯曲120°,形状与悟空翼龙属不同,但与达尔文翼龙属相似(Wang et al., 2010; Lü et al., 2010a, 2011a)。

4.5 科未定的翼龙标本

4.5.1 凤凰翼龙

建立凤凰翼龙属(*Fenghuangopterus*)时,根据相对较短的头骨(凤凰翼龙属的头骨长度短于尺骨)、钝的吻端,大的眶前孔,齿间距大以及竖直而非倾斜的牙齿等特征,将其归入掘颌翼龙科(Lü et al., 2010b)。然而,掘颌翼龙属、索德斯龙属和建昌颌翼龙属的头骨均较尺骨长(Wellnhofer, 1978; Cheng et al., 2012; Bennett, 2014)。凤凰翼龙属正型标本的头骨及下颌保存为腹侧视,不能辨认下颌吻端的侧面形态;大的眶前孔是非翼手龙类普遍具有的特征(Wellnhofer, 1978, 1991; Kellner, 2003; Unwin, 2003)。凤凰翼龙属的上颌齿数量(11)比掘颌翼龙属(7~9)和建昌颌翼龙属(9)多,同时由于头骨短,牙齿间距明显更加密集;掘颌翼龙属和建昌颌翼龙属的牙齿都是倾斜而非竖直的。由此可见,凤凰翼龙属与掘颌翼龙科的特征区别很大。此外,凤凰翼龙属的某些特征也区别于掘颌翼龙科,如第一翼指骨长度大于第二翼指骨,尺骨长度小于第一翼指骨,肩胛骨长度小于乌喙骨。因此,凤凰翼龙属被当作一个科未定的属种。

凤凰翼龙属 *Fenghuangopterus* (Lü et al., 2010)
李氏凤凰翼龙 *Fenghuangopterus lii* (Lü et al., 2010)
正型标本(CYGB-0037,现存于朝阳鸟化石国家地质公园) 是一件基本完整的化石骨架, 产自辽宁建昌玲珑塔, 层位属于髫髻山组 (或称蓝旗组、道虎沟组或道虎沟层) (Lü et al., 2010b) , 时代为晚侏罗世。

凤凰翼龙属是"喙嘴龙亚目"成员, 头骨长度小于尺骨长度, 肩胛骨短于乌喙骨, 尺骨长度小于第一翼指骨, 第一翼指骨与第二翼指骨长度的比例约为5/3 (引自《中国古脊椎动物志》第二卷, 2017) 。

李氏凤凰翼龙的正型标本包括了头骨和下颌, 以及

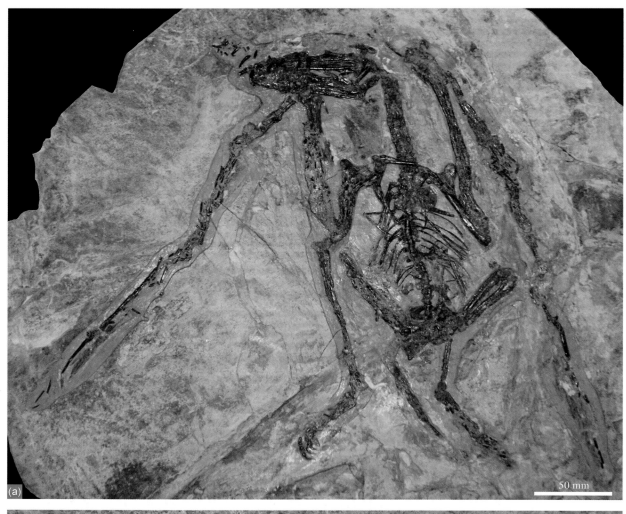

50 mm

20 mm

图 4-34　李氏凤凰翼龙 (*Fenghuangopterus lii*) 正型标本 (CYGB-0037)　a. 整体; b. 头骨及散落的牙齿。(引自《中国古脊椎动物志》第二卷, 2017)

基本完整的头后骨骼 (Lü et al., 2010b) (图 4–34)。头骨和下颌保存为腹侧视，眶前孔很大。牙齿呈钉状，稍弯曲，齿尖锋利。上颌两侧各有 11 枚上颌齿，基本垂直。尾椎被加长的前后关节突围绕。胸骨呈扇形。肩胛骨和乌喙骨愈合，乌喙骨长于肩胛骨。肱骨三角肌脊呈加长的长方形。翼掌骨短，仅为肱骨长度的 55%。第一翼指骨长度大于第二翼指骨。股骨长度约为胫骨的 57%。

4.5.2 道虎沟翼龙

建立道虎沟翼龙属时，依据的是一具不完整的骨架，根据其短的颈椎和发育的颈肋将其归入"喙嘴龙亚目"(Cheng et al., 2015)。然而可惜的是，娇小道虎沟翼龙的正型标本缺失了肱骨以下的前肢、所有后肢和尾椎，许多重要的分类特征都不得而知，诸如尺骨和翼指骨长度比例、第五趾形态和尾椎长短等。因此，道虎沟翼龙属的科级分类单元尚不能确定。

道虎沟翼龙属 *Daohugoupterus* (Cheng et al., 2015)

娇小道虎沟翼龙 *Daohugoupterus delicatus* (Cheng et al., 2015)

正型标本 (IVPP V12537，现存于中国科学院古脊椎动物与古人类研究所) 是一具不完整的骨架，包含基本完整的头骨，产自内蒙古宁城道虎沟，髫髻山组 (或称蓝旗组、道虎沟组或道虎沟层)，时代为晚侏罗世 (Cheng et al., 2015)。

道虎沟翼龙属是"喙嘴龙亚目"成员，具以下特征组合：鼻骨后突延伸到额骨之间；胸骨板的宽度为长度的 2.5 倍；上颞孔较悟空翼龙科和掘颌翼龙科小，下颞孔呈狭缝状；与曲颌形翼龙属相比，肱骨三角肌脊更加发育；翅骨加长并且很直 (引自《中国古脊椎动物志》第二卷，2017)。

娇小道虎沟翼龙是继宁城热河翼龙和威氏翼手喙龙之后发现于内蒙古宁城道虎沟化石点的第三个翼龙属种 (图 4–35) (Cheng et al., 2015)。娇小道虎沟翼龙具有明显区别于翼手龙类的特征，诸如短的颈椎、发育的颈肋，以及四边形的肱骨三角肌脊。在该地区已发现的非翼手龙类中，娇小道虎沟翼龙以形状窄长的头骨、粗壮的腭部骨骼区别于宁城热河翼龙；其不具骨脊的头骨，区别于威氏翼手喙龙；其短的颈椎，明显区别于具有颈椎加长情况的所有悟空翼龙科成员；其狭缝状的下颞孔和特殊的肱骨三角肌脊，区别于掘颌翼龙科成员。

娇小道虎沟翼龙的正型标本保存于浅灰褐色页岩中，同时保存有一些叶肢介化石，显示了湖泊相的沉积环境。标本在颈椎和躯干附近保存了精美的"毛"状皮肤衍生物，与宁城热河翼龙正型标本的情况极为相似。化石不完整，保存为背腹向，头骨缺失了吻端，保存下来的头后骨骼包括完整的颈椎和肩带、部分背椎和肋骨以及肱骨。

娇小道虎沟翼龙具有很大的、近圆形的眼眶。眶前孔保存下来的部分显示其具有向前倾的后边缘，尽管不完整，但根据眶前孔与眼眶的相对关系，娇小道虎沟翼龙具有一个明显比威氏翼手喙龙更大的眶前孔 (图 4–36)。上颞孔呈圆形，与其他非翼手龙类相比，娇小道虎沟翼龙的上颞孔非常小。下颞孔很窄，呈狭缝状，与大多数非翼手龙类不同，而与发现于德国的曲颌形翼龙 (*Campylognathoides*) 相似。前上颌骨末端延伸到两枚额骨之间，并在中线处形成了低矮的骨突，但没有形成类似达尔文翼龙属的前上颌骨骨脊，同时，也没有证据显示娇小道虎沟翼龙具有类似威氏翼手喙龙的头饰。鼻骨位于前上颌骨侧面，加长并向后延伸至两枚额骨之间，与包括强壮建昌颌翼龙在内的其他非翼手龙类相区别。额骨呈三角形，是构成头骨顶部最大的骨骼。额骨与顶骨之间具有直的缝合线。顶骨背侧平坦，不具有脊突。眶上骨位于眼眶背侧，后端与额骨相接触，前端覆盖在泪骨之上。泪骨位于鼻骨、眶上骨和轭骨之间，分隔眼眶与眶前孔。轭骨具有 4 个轭骨支，分别与上颌骨、泪骨、眶后骨和方轭骨相接触。方骨很宽，与翼骨在头骨腹面内侧相接触。

寰椎和枢椎及之后的 7 枚颈椎都完整地保存了下来，所有这些颈椎都为前凹型椎体，很短，比较粗壮，其中一些保存了颈肋。颈椎的前后关节突比较粗壮。与最后一枚颈椎相比，第一枚背椎很小，共保存有 9 枚背椎。

肩胛骨和乌喙骨愈合在一起，呈"U"形。肩胛骨长度大于乌喙骨，乌喙骨具有发育的二头肌结节。胸骨板非常宽，其宽度约为长度的 2.5 倍，是目前报道过的翼龙标本中最宽的。胸骨板的侧边缘在末端呈 120° 夹角 (图 4–35)。肱骨柄微弯曲，三角肌脊呈四边形，与真双齿型翼龙属 (*Eudimorphodon*) 和曲颌形翼龙属相似，但相比此二者，娇小道虎沟翼龙的肱骨三角肌脊更长并且位置更靠近肱骨近端。一块愈合的近端腕骨与相关联的翅骨保存在颈椎附近，翅骨很长并且又细又直 (图 4–36)。

在颈椎和右侧乌喙骨附近，保存有一部分已经炭化的软组织。这些软组织可以分为两类，一类为不规则的

图4-35　娇小道虎沟翼龙（*Daohugoupterus delicatus*）正型标本（IVPP V 12537）〔Cheng et al., 2015〕

纤维，可能是类似于宁城热河翼龙的覆盖体表的"密纤维"（Kellner et al. 2010），另一类为相互平行的纤维，很可能是构成翼膜的一部分。

根据目前翼龙个体发育研究结论（Bennett, 1993，1995；Kellner, Tomida, 2000；Kellner, 2015），娇小道虎沟翼龙的正型标本至少是一个亚成年个体。主要理由包括愈合的额骨和顶骨、肩胛骨和乌喙骨、近端腕骨。与发现于同一化石产地的宁城热河翼龙、威氏翼手喙龙相比，娇小道虎沟翼龙的个体非常小巧，是该地区发现的体型最小的翼龙化石，这也是其种名的由来。

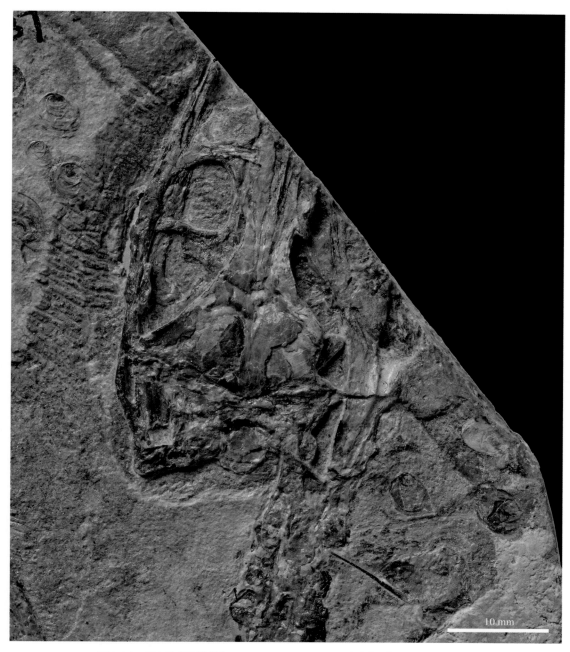

图4-36　娇小道虎沟翼龙（*Daohugoupterus delicatus*）头骨 （Cheng et al., 2015）

宁城热河翼龙（*Jeholopterus ningchengensis*）生态复原图 （李荣山 绘）

5 翼龙的身体——来自燕辽翼龙动物群的证据

燕辽翼龙动物群不仅包含了丰富的翼龙种类，而且通过一些保存的精美化石，我们还得以了解某些翼龙身体的秘密，比如翼龙的体表是不是像蜥蜴一样布满鳞片、翼龙如何产卵、翼龙怎样区分雄性和雌性等。

5.1 翼龙"毛"状皮肤衍生物与翼膜结构

由于翼龙骨骼的特殊性，翼龙的化石非常稀少，保存了翼龙身体软组织部分的化石就更加稀少。到目前为止，世界上只有少数地点和层位发现了保存有软组织的翼龙化石，包括意大利伦巴第和乌迪内地区的三叠系地层（Dalla Vecchia, 1995）、德国霍尔茨马登地区（Holzmaden）的下侏罗统地层（Padian, 2008b）和索伦霍芬灰岩的上侏罗统地层（Frey et al., 2003b）、哈萨克斯坦卡拉套的上侏罗统地层（Sharov, 1971）、巴西阿拉里皮盆地下白垩统地层（Kellner, 1996；Sayão, Kellner, 1998），以及中国的中晚侏罗世燕辽生物群和早白垩世热河生物群（Wang et al., 2007；Jiang, Wang, 2011a）。其中，宁城热河翼龙正型标本是软组织和骨骼保存最完整的标本之一（Wang et al., 2002）。

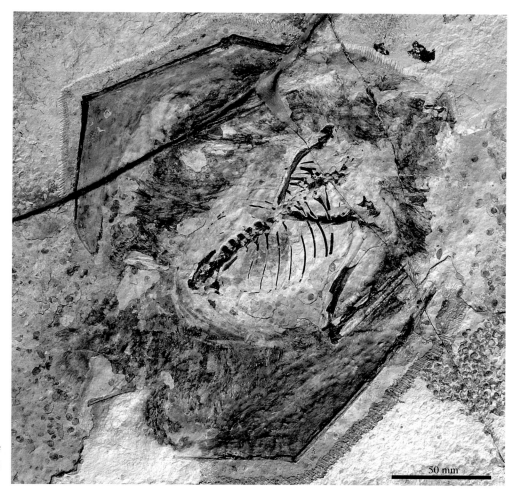

图5-1 宁城热河翼龙（*Jeholopterus ningchengensis*）正型标本负面 （Wang et al., 2002）

50 mm

宁城热河翼龙正型标本的整个骨架周围都保存有软组织,颜色从深棕色到浅黄色 (图5-1)。不同部位的软组织显示出不同的结构,表明它们具有不同的自然属性。软组织大部分保存为炭质薄膜,躯干附近颜色较浅的部分,可能是以磷酸盐形式保存的,与产自巴西的标本相似 (Kellner, Campos, 1999)。最初,覆盖体表的软组织被称为"毛"状皮肤衍生物 (Wang et al., 2002),后被称为密集纤维 (Kellner et al., 2010)。

体侧翼膜可以分为近端更具张力的腱翼膜和远端相对刚性的肌翼膜。肌蛋白纤维构成了肌翼膜的主要部分,与其他翼龙化石中保存的放射状纤维基本一致 (Wellnhofer, 1987;Padian, Rayner, 1993;Kellner, 1996)。热河翼龙的肌蛋白纤维的宽度平均约为0.1 mm,它们紧密排列,与翼指骨平行或近平行 (图5-2)。每条肌蛋白纤维的长度为4~8 mm,彼此间的距离不均衡,每1 mm的距离有4~7条,在靠近翼膜末端的区域增加到9条。大多数情况下,一条肌蛋白纤维的末端插入另外两条纤维之间,这一现象在喙嘴龙属中也有发现 (Padian, Rayner, 1993)。靠近躯干的位置,肌蛋白纤维的数量逐渐减少,指示了肌翼膜和腱翼膜的边界。肌翼膜一直延伸到肱骨

与尺桡骨关节的位置。在许多区域可以观察到3层肌蛋白纤维叠加在一起,各层的方向不同,形成网状的交错印痕。靠近躯干和肌翼膜末端,肌蛋白纤维弯曲,表现出一定的柔韧性 (Kellner et al., 2010)。

这种网状交错的形状,在巴西的翼手龙类标本中也有发现,之前一直被认为是由于翼膜折叠造成的 (Sayão, Kellner, 1998)。还有研究者认为翼膜上的肌蛋白纤维是单层的 (Wellnhofer, 1987;Padian, Rayner, 1993;Frey et al., 2003b),但根据热河翼龙揭示的翼膜构造,这种网状印痕不是单层的,而是由数层纤维叠加形成的 (Kellner et al., 2010)。

密集纤维的颜色很深,分布没有规律。密集纤维分布在躯干周围、尾部以及翼膜末端靠近翼指骨第四指节的地方 (图5-3),在前膜上没有分布。密集纤维比肌蛋白纤维粗,平均宽度为0.2~0.5 mm,不过有些区域的密集纤维明显很细。有些密集纤维彼此相交,但没有形成翼膜上的网状结构。有些地方的密集纤维与表皮软组织相连。总体上,密集纤维保存在距离骨骼很远的地方。密集纤维是几乎覆盖整个身体的"毛"状结构 (Kellner et al., 2010),这种"毛"与哺乳动物的体毛 (发生于真皮,穿过表皮生长) 不

20 mm

图5-2　宁城热河翼龙 (*Jeholopterus ningchengensis*) 的翼膜

图5-3 宁城热河翼龙不同位置的密集纤维 a. 翼膜及身体周围；b. 尾部末端。

是同源的。热河翼龙展现的"毛"状皮肤衍生物很可能是翼龙为温血动物的有力证据 (Wang et al., 2002)。

5.2 翼龙的产卵生殖方式

现生的所有鸟类都是卵生，绝大多数爬行动物也是卵生，部分为卵胎生，绝大多数哺乳动物都是胎生。翼龙属于爬行动物，所以科学家们推测翼龙的生殖方式最有可能是卵生 (Wellnhofer, 1991)。直到辽西发现了第一枚带胚胎的翼龙蛋化石，才确认了翼龙卵生的生殖方式，并在蛋壳上发现了乳突状结构，推测翼龙蛋具有硬质外壳，且翼龙具有早熟性的发育模式 (Wang, Zhou, 2004) (图5-4)。在阿根廷发现的一枚带胚胎的翼龙蛋上，发现了30 μm厚的钙质层，并且具有与恐龙和鸟类等主龙类相似的蛋壳显微结构 (Chiappe et al., 2004)。而另一枚产自辽西的翼龙蛋化石却显示翼龙蛋不具有硬质外壳，而具有软的革质蛋壳 (Ji et al., 2004)。哈密翼龙的蛋化石是世界上最早发现的三维立体保存的翼龙蛋化石 (Wang et al., 2014a)。通过对哈密翼龙的蛋壳显微结构的研究，发现其蛋壳外层是一

层厚度约60 μm的硬质钙质层，内层推测是一层较厚的软质壳膜层，这一结构与现生的爬行动物 (如锦蛇) 的"软壳蛋"相似 (Wang et al., 2014a)。

有研究者报道了一件产自辽宁建昌玲珑塔的悟空翼龙类化石，标本保存比较完整，在荐椎与尾椎之间的体外保存有一枚蛋的印痕 (图5-5)。因此，认为这是一个雌性悟空翼龙类个体 (Lü et al., 2011b)。2015年，我们的研究团队发现并报道了这一标本的负面，发现在这一翼龙的体内还保存有第二枚蛋 (Wang et al., 2015) (图5-5)。

第一枚蛋保存在身体的左侧体外，紧紧贴在腰带后方，部分压在尾椎之上，呈灰白色，与棕色的围岩区别明显 (图5-6a, c)。蛋呈二维压扁保存，边缘处有呈同心圆的褶皱并稍高于蛋中部。蛋整体呈椭圆形，长轴约27.8 mm，短轴约19.8 mm。蛋中心处并非完全平坦，一些地方呈乳突状突起，但不具裂痕。

第二枚蛋保存在身体的左侧，紧紧靠在腰带前方 (图5-6b, 5-6d)。根据这枚蛋与周围肋骨和腹膜肋的关系，这枚蛋很明显是保存在翼龙体内的。这枚蛋也呈椭圆

图5-4 翼龙胚胎复原图（M. Oliveira 绘）

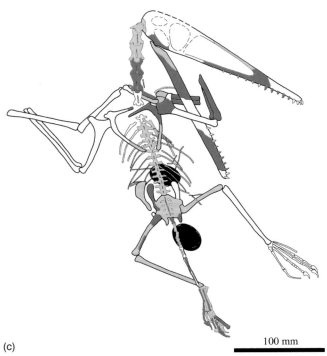

图5-5 带蛋的悟空翼龙类标本 a. 正面；b. 负面；c. 线条图。（引自《中国古脊椎动物志》第二卷，2017；Wang et al., 2015）

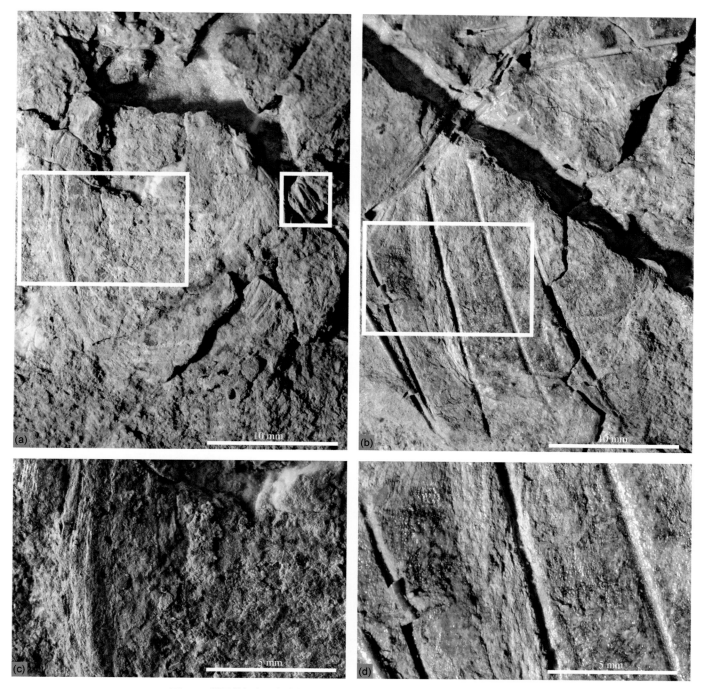

图5-6 带蛋的悟空翼龙类标本　a,c. 体外的第一枚蛋；b,d. 体内的第二枚蛋。

形，长轴约27.9 mm，短轴约18.2 mm，与第一枚蛋相比形状略微加长。蛋的边缘具同心圆状的褶皱，颜色为黄色。蛋中部也不是平坦的，有一些折痕。

通过在扫描电子显微镜下进行的能量色散质谱分析，没有发现蛋壳具有钙质层，也没有发现蛋壳区域与围岩之间存在成分上的区别。因此推测，钙质层或者在化石化过程中丢失，或者在胚胎形成中被再吸收 (Grellet-Tinner et al., 2014)，或者根本不存在。另一种可能是，在

翼龙死亡时两枚蛋尚未进入钙化阶段，因为两枚蛋都非常小，并且一枚仍然保存在体内，另一枚很像是被从体内挤压出去的。此外，对股骨碎片进行的骨组织学分析显示这不是一个成年的翼龙个体，也就是说，这只处于妊娠期的翼龙在达到骨骼成熟之前已经达到性成熟 (Wang et al., 2015)。

体外和体内的两枚蛋的特征显示它们处于同一个发展阶段，同时证明，这只雌性翼龙具有两条功能性的

输卵管。曾经有研究显示，在一件窃蛋龙类中华龙鸟（*Sinosauropteryx*）标本的腰带中间保存有两枚蛋，同样证明了其具有两条功能性的输卵管，这一特征是在非鸟恐龙中广泛存在的（Sato et al., 2005）。具有双侧功能性输卵管也是现生爬行动物的常见特征（Norris, Lopez, 2010；Zheng et al., 2013）。然而在同样具有飞行能力的鸟类中，一般只具有一条功能性的输卵管，另一条退化了。这种生殖系统上的不对称，是一种进步的特征，可以减轻身体重量，是鸟类对于飞行的一种适应（Witschi, 1935）。然而，悟空翼龙类的新发现显示，翼龙仍然保持有两条功能性输卵管的原始特征，同时也证明功能性输卵管的减少并不是能够飞行的必要条件（Wang et al., 2015）。

5.3 悟空翼龙类头饰的形态功能

翼龙中很多属种都发育有多种多样的头骨脊（头饰），这些头骨脊不仅形态上千变万化，而且生长的位置也不尽相同。已发现的具头骨脊的翼龙化石中，头骨脊的位置包括了前上颌骨、额骨、顶骨、上枕骨以及下颌的齿骨（杨钟健，1964；Kellner, Campos, 2002；Wang et al., 2010, 2012, 2014a, 2014b；Cheng et al., 2017）。头骨脊大多出现在翼手龙类中，如德国翼龙属（*Germanodactylus*）（图5-7）、准噶尔翼龙属、古魔翼龙属（图5-8）、中国翼龙属、妖精翼龙属（*Tupuxuara*）（图5-9）、凯瓦翼龙属（*Caiuajara*）、无齿翼龙属（图5-10）、鬼龙属、伊卡兰翼龙属和哈密翼龙属等，而非翼手龙类中头骨上具有脊状结构的种类较少，如翼手喙龙属和达尔文翼龙属。

翼龙的头饰形态变化多样，其上还附着有软组织（Czerkas, Ji, 2002；Frey et al., 2003b），是翼龙种间差异和种内差异，特别是性双型的重要特征（Wang et al., 2014a）。对于不同的翼龙，不同形态的头饰的作用也各不相同，包括性别展示、空气动力平衡及稳定性和散热等。其中最主要的功能是性展示，同一种类的雌性和雄性翼龙可能有着大小不同，形态也不同的头饰，如哈密翼龙属（Wang et al., 2014a）；有些头饰类似于现在的船舵，在飞行中可以控制方向，保持平衡，如古神翼龙属（Frey et al., 2003c）；有些头饰上布满血管，类似现在大象的耳朵，可以用来散热，如掠海翼龙属（Kellner, Campos, 2002）；还有的头饰表面光滑，可以减小在水中的阻力，如伊卡兰翼龙属（Wang et al., 2014b）（图5-11）。

到目前为止，被研究者普遍接受的、同时有雌性和雄性的翼龙属种只有产自中国的哈密翼龙属和巴西的凯瓦翼龙属。而且，两者的雌雄个体都具有头骨脊，其形态、尺寸、生长位置等不尽相同。在哈密翼龙中，不仅雌雄两性个体从小就具有头骨脊，而且从生长位置、外形特点、相对大小等方面可以将头骨脊明显分为两类。两件大小相同的头骨展现了两种截然不同的头骨脊，一种头骨脊较大、表面纹饰粗大、前缘强烈弯曲、从第六枚上颌齿之前的位置起始，另一种头骨脊较小、纹饰较细、前缘基本不弯曲、起始位置靠后，因此推测这两种头骨脊分别代表

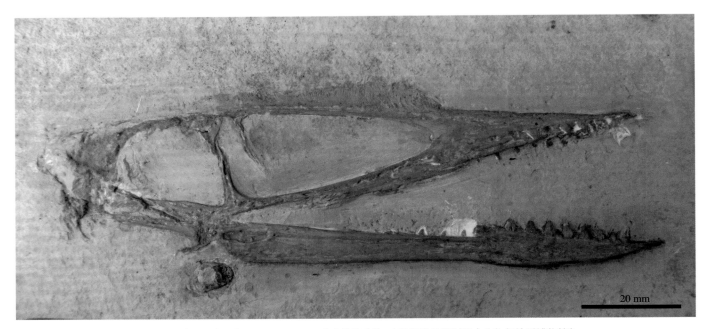

20 mm

图5-7　德国翼龙属（*Germanodactylus*）头骨及头饰（现存于巴伐利亚古生物与地质博物馆）

图5-8 古魔翼龙属（*Anhanguera*）生态复原图 （M. Oliveira 绘）

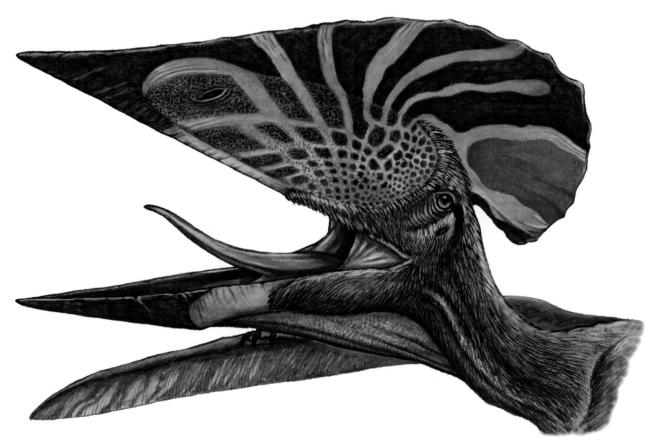

图5-9 妖精翼龙属（*Tupuxuara*）巨大的头饰 （M. Oliveira 绘）

图5-10 无齿翼龙属(*Pteranodon*)复原图 （M. Oliveira 绘）

图5-11 伊卡兰翼龙属(*Ikrandraco*)生态复原图 （M. Oliveira 绘）

了天山哈密翼龙的雄性和雌性个体 (Wang et al., 2014a)。产自巴西上白垩统地层的一件凯瓦翼龙标本上包括14块头骨和大量肢骨，这些头骨的尺寸差异很大。因此推测，这些头骨不仅涵盖了从幼年到成年的各个阶段，同时也包含了雄性个体和雌性个体。因为这些头骨都具有发育的头骨脊，证明凯瓦翼龙从幼年就具有头骨脊，而且雌雄

图5-12　凯瓦翼龙属（*Caiuajara*）生态复原图　（M. Oliveira 绘）

两性个体都具有头骨脊 (Manzig et al., 2014) (图 5-12)。

有研究者认为不具头骨脊的、带蛋的悟空翼龙类化石是一个达尔文翼龙的雌性个体,同时通过比较其与模块达尔文翼龙正型标本以及一些未命名的悟空翼龙类新标本的腰带骨骼以及头骨脊,发现模块达尔文翼龙腰带骨骼的尺寸在比例上比带蛋标本的腰带骨骼小。并据此认为是否具有头骨脊是区分达尔文翼龙雌雄个体的标志,其中雄性个体的前上颌骨具有头骨脊、骨盆较小,雌

性个体的前上颌骨不具头骨脊、骨盆较大,并且暗示所有悟空翼龙类的标本都属于同一种翼龙 (模块达尔文翼龙),不具头骨脊的悟空翼龙类是模块达尔文翼龙的雌性个体,而具有头骨脊的悟空翼龙类是模块达尔文翼龙的雄性个体 (Lü et al., 2011b)。然而,其中一件"雄性"模块达尔文翼龙,根据形态学的差异被命名为一个新种——粗齿达尔文翼龙 (Lü et al., 2011a)。汪筱林等报道并描述了带蛋标本的负面,并根据其独特的第五趾第二趾节形

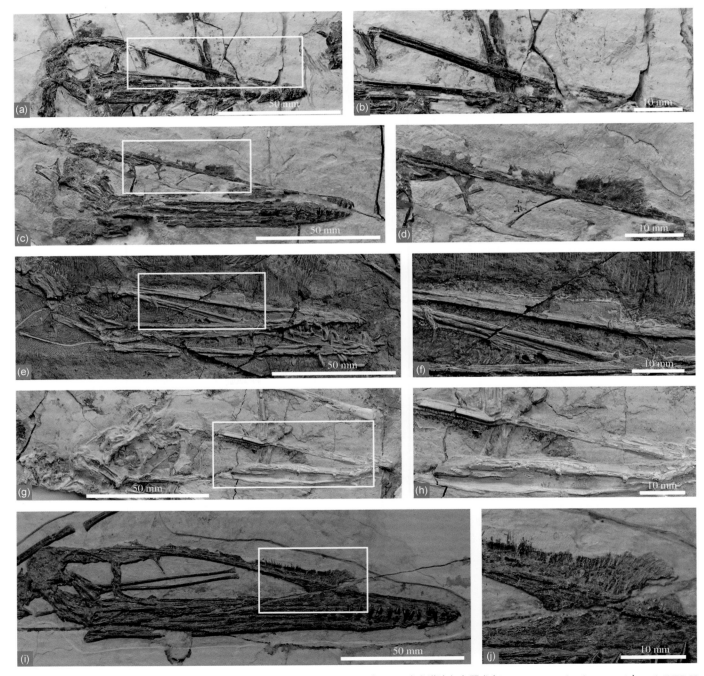

图 5-13　悟空翼龙类的头骨脊　a, b. 中国鲲鹏翼龙 (*Kunpengopterus sinensis*); c, d. 玲珑塔达尔文翼龙 (*Darwinopterus linglongtaensis*); e, f. IVPP V 17957; g, h. IVPP V 17959; i, j. 粗齿达尔文翼龙 (*Darwinopterus robustodens*)。(Cheng et al., 2017)

态、不具前上颌骨脊，以及在所有悟空翼龙类标本中仅次
于中国鲲鹏翼龙的短的鼻眶前孔，认为带蛋标本的分类
位置可能与鲲鹏翼龙属更加接近 (Wang et al., 2015)。

最近，我们总结了已发现的所有悟空翼龙类标本，认
为悟空翼龙类的头骨脊可以分为形态、大小、表面纹饰、
着生位置不同的4种类型以及不具头饰的种类 (Cheng et
al., 2017) (图 5-13, 5-14)：

第一类，不具头骨脊，如鲲鹏翼龙属。

第二类，具头骨脊，头骨脊起始于鼻眶前孔前缘以
后，向后一直延伸到眼眶之上；头骨脊侧表面具有纤维
状纹饰，这些纹饰前端强烈弯曲，后部基本与头骨背缘垂
直；头骨脊背缘呈锯齿状，前部膨大成三角形，如玲珑塔
达尔文翼龙。

第三类，具头骨脊，头骨脊起始于鼻眶前孔前缘以
后，向后一直延伸到眼眶之上；头骨脊侧表面光滑，不具
纹饰；头骨脊背缘平直，前端不膨大，如 IVPP V 17957。

第四类，具头骨脊，头骨脊起始于鼻眶前孔前缘以
前，向后一直延伸到眼眶之上；头骨脊侧表面具有纤维
状纹饰，这些纹饰前端强烈弯曲，后部基本与头骨背缘垂
直；头骨脊背缘呈锯齿状，前部膨大成三角形，如模块达
尔文翼龙。

第五类，具头骨脊，头骨脊起始于鼻眶前孔前缘以前，
向后未延伸到眼眶之上；头骨脊侧表面具有直的纹饰，这
些纹饰向后倾斜；头骨脊背缘平直，如 IVPP V 17959。

结合对比这些悟空翼龙类标本的荐椎、腰带尺寸，以
及个体发育阶段特征，我们发现：首先，处于相同或相似
发育阶段的翼龙所具有的头饰彼此之间差异巨大，因此
这些头骨脊的多样性不是个体生长发育阶段不同造成
的；其次，头骨脊的有无与荐椎、腰带的大小没有必然联
系，即并不是具有头骨脊的翼龙荐椎、腰带较小，而不具
头骨脊的翼龙荐椎、腰带较大，因此，是否具有头骨脊不
能作为悟空翼龙类区分雌雄个体的标志。所以，悟空翼
龙类的头骨脊形态 (包括不具头骨脊) 是属种间的鉴定特
征，这与哈密翼龙头饰的形态功能也是相似的。

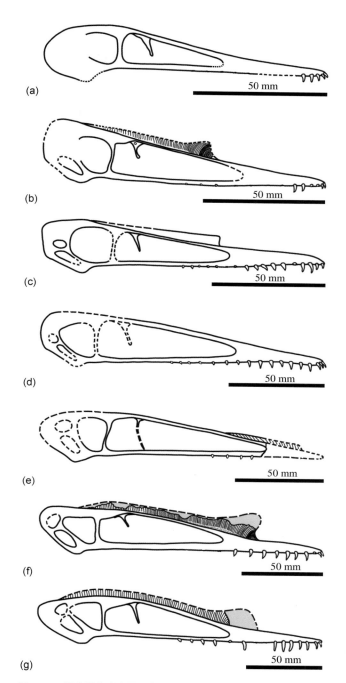

图5-14　悟空翼龙类头骨线条图　a. 中国鲲鹏翼龙 (*Kunpengopterus sinensis*)；b. 玲珑塔达尔文翼龙 (*Darwinopterus linglongtaensis*)；c. IVPP V 17957；d. 带蛋的标本；e. IVPP V 17959；f. 粗齿达尔文翼龙 (*Darwinopterus robustodens*)；g. 模块达尔文翼龙 (*Darwinopterus modularis*)。(Cheng et al., 2017)

参考文献

蔡正全, 魏丰. 1994. 浙江临海晚白垩世一翼龙新属种. 古脊椎动物学报, 32(3): 181–194.

陈文, 季强, 刘敦一, 等. 2004. 内蒙古宁城地区道虎沟化石层同位素年代学. 地质通报, 1165–1169.

丛林玉, 侯连海, 吴肖春, 等. 1998. 扬子鳄大体解剖. 北京: 科学出版社, 1–388.

董枝明. 1982. 鄂尔多斯盆地一翼龙化石. 古脊椎动物学报, 20(2): 115–121.

段冶, 郑少林, 胡东宇, 等. 2009. 辽宁建昌玲珑塔地区中侏罗世地层与化石初步报道. 世界地质, 28(2): 143–147.

何信禄, 杨代环, 舒纯康. 1983. 四川自贡大山铺中侏罗世一新翼龙化石. 成都地质学院学报, (增刊1): 27–32.

黄迪颖. 2015. 燕辽生物群和燕山运动. 古生物学报, 54(4): 501–546.

季强, 袁崇喜. 2002. 宁城中生代道虎沟生物群中两类具原始羽毛翼龙的发现及其地层学和生物学意义. 地质论评, 48(2): 221–224.

季强, 柳永清, 陈文, 等. 2005. 再论道虎沟生物群的时代. 地质论评, 51(6): 609–612.

姬书安, 季强. 1997. 辽宁西部翼龙类化石的首次发现. 地质学报, 71(1): 1–6.

姬书安, 季强. 1998. 记辽宁一新翼龙化石(喙嘴龙亚目). 江苏地质, 22(4): 199–206.

辽宁省地质矿产局. 1989. 辽宁省区域地质志. 北京: 地质出版社, 1–856.

柳永清, 刘燕学, 李佩贤, 等. 2004. 内蒙古宁城盆地东南缘含道虎沟生物群岩石地层序列特征及时代归属. 地质通报, 23(12): 1180–1185.

任东, 高克勤, 郭子光, 等. 2002. 内蒙古宁城道虎沟地区侏罗纪地层划分及时代探讨. 地质通报, 21: 584–591.

沈炎彬, 陈丕基, 黄迪颖. 2003. 内蒙古宁城道虎沟县叶肢介化石群的时代. 地层学杂志, 27(4): 311–313.

Swisher III C C, 汪筱林, 周忠和, 等. 2001. 义县组同位素年代新证据及土城子组 ^{40}Ar/^{39}Ar 年龄测定. 科学通报, 46(23): 2009–2012.

王亮亮, 胡东宇, 张立君, 等. 2013. 辽西建昌玲珑塔地区侏罗纪地层的离子探针锆石U–Pb定年: 对最古老带羽毛恐龙的年代制约. 科学通报, 58(14): 1346–1353.

汪筱林. 2001. 地层与时代//张弥曼, 陈丕基, 王元青, 等. 热河生物群. 上海: 上海科学技术出版社, 8–22.

汪筱林, 程心, 蒋顺兴, 等. 2014. 辽西玲珑塔翼龙动物群和浙江翼龙的同位素年代: 兼论中国翼龙化石的地层序列和时代框架. 地学前缘, 21(2): 157–184.

汪筱林, 王元青, 金帆, 等. 1999. 辽西四合屯脊椎动物化石组合及其地质背景. Palaeoworld, 11: 310–327.

汪筱林, 王元青, 张福成, 等. 2000. 辽宁凌源及内蒙古宁城地区下白垩统义县组脊椎动物生物地层. 古脊椎动物学报, 38(2): 81–99.

汪筱林, 周忠和. 2002. 辽宁早白垩世九佛堂组一翼手龙类化石及其地层意义. 科学通报, 47(20): 1521–1527.

汪筱林, 周忠和. 2006. 热河生物群翼龙的适应辐射及其古环境背景//戎嘉余. 生物的起源、辐射与多样性演变——华夏化石记录的启示. 北京: 科学出版社, 665–689, 937–938.

汪筱林, 周忠和, 贺怀宇, 等. 2005. 内蒙古宁城道虎沟化石层的地层关系与时代讨论. 科学通报, 50(19): 2127–2135.

杨欣德, 李星云. 1997. 辽宁省岩石地层. 北京: 中国地质大学出版社.

杨钟健. 1958. 中国古生物志(总号第142册 新丙种第16号): 山东莱阳恐龙化石. 北京: 科学出版社, 1–138.

杨钟健. 1964. 新疆的一新翼龙类. 古脊椎动物与古人类, 8(3): 221–255.

张俊峰. 2002. 道虎沟生物群(前热河生物群)的发现及其地质时代. 地层学杂志, 26(3): 173–177.

《中国古脊椎动物志》编辑委员会. 2017. 中国古脊椎动物志: 第二卷. 北京: 科学出版社. (印刷中)

Andres B, Clark J M, Xu X. 2010. A new rhamphorhynchid pterosaur from the Upper Jurassic of Xinjiang, China, and the phylogenetic relationships of basal pterosaurs. Journal of Vertebrate Paleontology, 30(1): 163–187.

Andres B, Clark J M, Xu X. 2014. The earliest pterodactyloid and the origin of the group. Current Biology, 24(9): 1011–1016.

Andres B, Ji Q. 2006. A new species of Istiodactylus (Pterosauria, Pterodactyloidea) from the Lower Cretaceous of Liaoning, China. Journal of Vertebrate Paleontology, 26(1): 70–78.

Andres B, Ji Q. 2008. A new pterosaur from the Liaoning Province of China, the phylogeny of the Pterodactyloidea, and convergence in their cervical vertebrae. Palaeontology, 51(2): 453–469.

Andres B, Myers T S. 2013. Lone Star Pterosaurs. Earth and Environmental Science Transactions of the Royal Society of

Edinburgh, 103(3–4): 383–398.

Averianov A O. 2010. The osteology of *Azhdarcho lancicollis* Nessov, 1984 (Pterosauria, Azhdarchidae) from the late Cretaceous of Uzbekistan. Proceedings of the Zoological Institute RAS, 314(3): 264–317.

Barrett P M, Butler R J, Edwards N P, et al. 2008. Pterosaur distribution in time and space: an atlas. Zitteliana, B28: 61–107.

Bennett S C. 1989. A pteranodontid pterosaur from the Early Cretaceous of Peru, with comments on the relationships of Cretaceous pterosaurs. Journal of Paleontology, 63(5): 669–677.

Bennett S C. 1993. The ontogeny of *Pteranodon* and other pterosaurs. Paleobiology, 19(1): 92–106.

Bennett S C. 1994. Taxonomy and systematics of the Late Cretaceous pterosaur *Pteranodon* (Pterosauria, Pterodactyloidea). Occasional Papers of the Natural History Museum, University of Kansas, 169: 1–70.

Bennett S C. 1995. A statistical study of *Rhamphorhynchus* from the Solnhofen Limestone of Germany: year-classes of a single large species. Journal of Paleontology, 69(3): 569–580.

Bennett S C. 1996a. The phylogenetic position of the Pterosauria within Archosauromorpha. Zoological Journal of the Linnean Society, 118: 261–308.

Bennett S C. 1996b. On the taxonomic status of *Cycnorhamphus* and *Gallodactylus* (Pterosauria: Pterodactyloidea). Journal of Paleontology, 70(2): 335–338.

Bennett S C. 2003. Morphological evolution of the pectoral girdle of pterosaurs: myology and function//Buffetaut E, Mazin J M. Evolution and palaeobiology of pterosaurs. London: Geological Society, Special Publications, 217(1): 191–215.

Bennett S C. 2007a. A review of the pterosaur *Ctenochasma*: taxonomy and ontogeny. Neues Jahrbuch für Geologie und Paläontologie —Abhandlungen, 245: 23–31.

Bennett S C. 2007b. A second specimen of the pterosaur *Anurognathus ammoni*. Paläontologische Zeitschrift, 81(4): 376–398.

Bennett S C. 2013. New information on body size and cranial display structures of *Pterodactylus antiquus*, with a revision of the genus. Paläontologische Zeitschrift, 87(2): 269–289.

Bennett S C. 2014. A new specimen of the pterosaur *Scaphognathus crassirostris*, with comments on constraint of cervical vertebrae number in pterosaurs. Neues Jahrbuch für Geologie und Paläontologie-Abhandlungen, 271(3): 327–348.

Blumenbach J F. 1807. Handbuch der Naturgeschichte. 8. Auflage. Göttingen: Dieterich'sche Buchhandlung, 1–731.

Campos D A, Kellner A W A. 1985. Panorama of the flying reptiles study in Brazil and South America. Anais da Academia Brasileira de Ciências, 57(4): 453–466.

Carpenter K, Unwin D, Cloward K, et al. 2003. A new scaphognathine pterosaur from the Upper Jurassic Morrison Formation of Wyoming, USA//Buffetaut E, Mazin J M.

Evolution and palaeobiology of pterosaurs. London: Geological Society, Special Publications, 217(1): 45–54.

Chang M M, Chen P J, Wang Y Q, et al. 2003. The Jehol Biota: The Emergence of Feathered Dinosaurs, Beaked Birds and Flowering Plants. Shanghai: Shanghai Scientific and Technical Publishers, 208.

Cheng X, Wang X L, Jiang S X, et al. 2012. A new scaphognathid pterosaur from western Liaoning, China. Historical Biology, 24(1): 101–111.

Cheng X, Wang X L, Jiang S X, et al. 2015. Short note on a non-pterodactyloid pterosaur from Upper Jurassic deposits of Inner Mongolia, China. Historical Biology, 27(6): 749–754.

Cheng X, Jiang S X, Wang X L, et al. 2016. New information on the Wukongopteridae (Pterosauria) revealed by a new specimen from the Jurassic of China. PeerJ, 4: e2177.

Cheng X, Jiang S X, Wang X L, et al. 2017. Premaxillary crest variation within the Wukongopteridae (Reptilia, Pterosauria) and comments on cranial structures in pterosaurs. Anais da Academia Brasileira de Ciências. http://dx.doi.org/10.1590/0001–3765201720160742.

Chiappe L M, Codorniú L, Grellet-Tinner G, et al. 2004. Palaeobiology: Argentinian unhatched pterosaur fossil. Nature, 432: 571–572.

Czerkas S A, Ji Q. 2002. A new rhamphorhynchoid with a headcrest and complex integumentary structures//Czerkas S J. Feathered Dinosaurs and the Origin of Flight. The Dinosaur Museum of Blanding Journal, 15–41

Dalla Vecchia F M. 1995. A new pterosaur (Reptilia, Pterosauria) from the Norian (Late Triasic) of Friuli (North eastern Italy). Preliminary note. Gortania, 16(1994): 59–66.

Dalla Vecchia F M. 1998. New observations on the osteology and taxonomic status of *Preondactylus buffarinii* Wild, 1984 (Reptilia, Pterosauria). Bollettino della Società Paleontologica Italiana, 36(3): 355–366.

Dalla Vecchia F M. 2009. Anatomy and systematics of the pterosaur *Carniadactylus* gen. n. *rosenfeldi* (Dalla Vecchia, 1995). Rivista Italiana di Paleontologia e stratigrafia, 115(2): 159–188.

Döderlein L. 1923. *Anurognathus Ammoni*, ein neuer Flugsaurier. Sitzungsberichte der Mathematisch-Physikalischen Klasse der Bayerischen Akademie der Wissenschaften, 1923: 117–164.

Frey E, Martill D M, Buchy M C. 2003a. A new crested ornithocheirid from the Lower Cretaceous of northeastern Brazil and the unusual death of an unusual pterosaur//Buffetaut E, Mazin J M. Evolution and palaeobiology of pterosaurs. London: Geological Society, Special Publications, 217(1): 55–63.

Frey E, Tischlinger H, Buchy M C, et al. 2003b. New speciments of Pterosauria (Reptilia) with soft parts with implications for pterosaurian anatomy and locomotion//Buffetaut E, Mazin J M. Evolution and palaeobiology of pterosaurs. London: Geological

Society, Special Publications, 217(1): 233–266.

Frey E, Martill D M, Buchy M C. 2003c. A new species of tapejarid pterosaur with soft-tissue head crest//Buffetaut E, Mazin J M. Evolution and palaeobiology of pterosaurs. London: Geological Society, Special Publications, 217(1): 65–72.

Grellet-Tinner G, Thompson M B, Fiorelli L E, et al. 2014. The first pterosaur 3-D egg: Implications for *Pterodaustro guinazui* nesting strategies, an Albian filter feeder pterosaur from central Argentina. Geoscience Frontiers, 5(6): 759–765.

Hammer W R, Hickerson W J. 1994. A crested theropod dinosaur from Antarctica. Science-AAAS-Weekly Paper Edition-including Guide to Scientific Information, 264(5160): 828–829.

He H Y, Wang X L, Jin F, et al. 2006. The $^{40}Ar/^{39}Ar$ dating of the early Jehol Biota from Fengning Hebei Province, northern China. Geochemistry Geophysics Geosystems, 7: Q04001.

He H Y, Wang X L, Zhou Z H, et al. 2004a. Timing of the Jiufotang Formation (Jehol Group) in Liaoning, northeastern China, and its implications. Geophysical Research Letters, 31(12): L12605.

He H Y, Wang X L, Zhou Z H, et al. 2004b. $^{40}Ar/^{39}Ar$ dating of ignimbrite from Inner Mongolia, northeastern China, indicates a post-Middle Jurassic age for the overlying Daohugou Bed. Geophysical Research Letters, 31(20): 1–9.

Hooley R W. 1913. On the skeleton of *Ornithodesmus latidens*; an ornithosaur from the Wealden Shales of Atherfield (Isle of Wight). Quarterly Journal of the Geological Society, 96: 372–422.

Hone D W, Benton M J. 2007. An evaluation of the phylogenetic relationships of the pterosaurs among archosauromorph reptiles. Journal of Systematic Palaeontology, 5(4): 465–469.

Hone D W, Benton M J. 2008. Contrasting supertree and total-evidence methods: the origin of the pterosaurs. Zitteliana, B28: 35–60.

Howse S C B. 1986. On the cervical vertebrae of the Pterodactyloidea (Reptilia: Archosauria). Zoological Journal of the Linnean Society, 88(4): 307–328.

Hu D Y, Hou L H, Zhang L J, et al. 2009. A pre-Archaeopteryx troodontid theropod from China with long feathers on the metatarsus. Nature, 461(7264): 640–643.

Ji Q, Ji S A, Cheng Y N, et al. 2004. Palaeontology: pterosaur egg with a leathery shell. Nature, 432: 572–572.

Ji S A, Ji Q, Padian K. 1999. Biostratigraphy of new pterosaurs from China. Nature, 398: 573–574.

Jiang S X, Wang X L. 2011a. Important features of *Gegepterus changae* (Pterosauria: Archaeopterodactyloidea, Ctenochasmatidae) from a new specimen. Vertebrata Palasiatica, 49: 172–184.

Jiang S X, Wang X L. 2011b. A new ctenochasmatid pterosaur from the Lower Cretaceous, western Liaoning, China. Anais da Academia Brasileira de Ciências, 83(4): 1243–1249.

Jiang S X, Wang X L, Cheng X, et al. 2015. Short note on an anurognathid pterosaur with a long tail from the Upper Jurassic of China. Historical Biology, 27(6): 718–722.

Jiang S X, Wang X L, Meng, X, et al. 2014. A new boreopterid pterosaur from the Lower Cretaceous of western Liaoning, China, with a reassessment of the phylogenetic relationships of the Boreopteridae. Journal of Paleontology, 88(4): 823–828.

Kellner A W A. 1989. A new edentate pterosaur of the Lower Cretaceous from the Araripe Basin, Northeast Brazil. Anais da Academia brasileira de Ciências, 61(4): 439–446.

Kellner A W A. 1996. Reinterpretation of a remarkably well preserved pterosaur soft tissue from the Early Cretaceous of Brazil. Journal of Vertebrate Paleontology, 16: 718–722.

Kellner A W A. 2003. Pterosaur phylogeny and comments on the evolutionary history of the group//Buffetaut E, Mazin J M. Evolution and palaeobiology of pterosaurs. London: Geological Society, Special Publications, 217(1): 105–137.

Kellner A W A. 2004. New information on the Tapejaridae (Pterosauria, Pterodactyloidea) and discussion of the relationships of this clade. Ameghiniana, 41(4): 521–534.

Kellner A W A. 2015. Comments on Triassic pterosaurs with discussion about ontogeny and description of new taxa. Anais da Academia Brasileira de Ciências, 87(2): 669–689.

Kellner A W A, Campos D A. 1999. Vertebrate paleontology in Brazil-a review. Episodes, 22: 238–251.

Kellner A W A, Campos D A. 2002. The function of the cranial crest and jaws of a unique pterosaur from the Early Cretaceous of Brazil. Science, 297(5580): 389–392.

Kellner A W A, Tomida Y. 2000. Description of a new species of Anhangueridae (Pterodactyloidea) with comments on the pterosaur fauna from the Santana Formation (Aptian-Albian), Northeastern Brazil. National Science Museum Monographs, 17: ix–137.

Kellner A W A, Wang X L, Tischlinger H, et al. 2010. The soft tissue of *Jeholopterus* (Pterosauria, Anurognathidae, Batrachognathinae) and the structure of the pterosaur wing membrane. Proceedings of the Royal Society of London, Series B: Biological Sciences, 277(1679): 321–329.

Kuhn O. 1967. Die fossile Wirbeltierklasse Pterosauria. München: Oeben, 1–52.

Langston W. 1981. Pterosaurs. Scientific American, 244: 122–136.

Liu Y Q, Liu Y X, Ji S A, et al. 2006. U-Pb zircon age for the Daohugou Biota at Ningcheng of Inner Mongolia and comments on related issues. Chinese Science Bulletin, 51(21): 2634–2644.

Liu Y Q, Kuang H W, Jiang X J, et al. 2012. Timing of the earliest known feathered dinosaurs and transitional pterosaurs older than the Jehol Biota. Palaeogeography, Palaeoclimatology, Palaeoecology, 323–325: 1–12.

Lü J C. 2009. A new non-pterodactyloid pterosaur from Qinglong County, Hebei Province of China. Acta Geologica Sinica (English Edition), 83(2): 189–199

Lü J C. 2010. A new boreopterid pterodactyloid pterosaur from the Early Cretaceous Yixian Formation of Liaoning Province, northeastern China. Acta Geologica Sinica (English Edition), 84(2): 241—246.

Lü J C, Bo X. 2011. A new rhamphorhynchid pterosaur (Pterosauria) from the Middle Jurassic Tiaojishan Formation of western Liaoning, China. Acta Geologica Sinica (English Edition), 85 (5): 977—983.

Lü J C, Fucha X H, Chen J M. 2010b. A New Scaphognathine Pterosaur from the Middle Jurassic of Western Liaoning, China. Acta Geoscientica Sinica (English Edition), 31(2): 263—266.

Lü J C, Gao C L, Meng Q J, et al. 2006. On the systematic position of *Eosipterus yangi* Ji et Ji, 1997 among pterodactyloids. Acta Geologica Sinica (English Edition), 80(5): 643—646.

Lü J C, Hone D W. 2012. A new Chinese anurognathid pterosaur and the evolution of pterosaurian tail lengths. Acta Geologica Sinica (English Edition), 86(6): 1317—1325.

Lü J C, Ji Q. 2005. A new ornithocheirid from the Early Cretaceous of Liaoning Province, China. Acta Geologica Sinica (English Edition), 79(2): 157—163.

Lü J C, Ji Q, Wei X F, et al. 2012b. A new ctenochasmatoid pterosaur from the Early Cretaceous Yixian Formation of western Liaoning, China. Cretaceous Research, 34: 26—30.

Lü J C, Pu H, Xu L, et al. 2012a. Largest toothed pterosaur skull from the Early Cretaceous Yixian Formation of western Liaoning, China, with comments on the family Boreopteridae. Acta Geologica Sinica (English Edition), 86(2): 287—293.

Lü J C, Unwin D M, Deeming D C, et al. 2011b. An egg-adult association gender and reproduction in pterosaurs. Science, 331: 321—324.

Lü J C, Unwin D M, Jin X S, et al. 2010a. Evidence for modular evolution in a long-tailed pterosaur with a pterodactyloid skull. Proceedings of the Royal Society B: Biological Sciences, 277(1680): 383—389.

Lü J C, Unwin D M, Zhao B, et al. 2012c. A new rhamphorhynchid (Pterosauria: Rhamphorhynchidae) from the Middle/Upper Jurassic of Qinglong, Hebei Province, China. Zootaxa, 3158: 1—19.

Lü J C, Xu L, Chang H L, et al. 2011a. A new darwinopterid pterosaur from the Middle Jurassic of western Liaoning, northeastern China and its ecological implications. Acta Geologica Sinica (English Edition), 85(3): 507—514.

Manzig P C, Kellner A W A, Weinschütz L C, et al. 2014. Discovery of a rare bone bed in a Cretaceous desert with insights on ontogeny and behavior of flying reptiles. Plos One, 9: e100005.

Meng J, Hu Y M, Wang Y Q, et al. 2006. A Mesozoic gliding mammal from northeastern China. Nature, 444: 889—893.

Nesbitt S J, Sidor C A, Irmis R B, et al. 2010. Ecologically distinct dinosaurian sister group shows early diversification of Ornithodira. Nature, 464: 95—98.

Nesbitt S J. 2011. The early evolution of archosaurs: relationships and the origin of major clades. Bull Am Mus Nat Hist, 352: 1—292.

Nopcsa B F. 1928. The genera of reptiles. Palaeobiology, 1: 163—188.

Norris D O, Lopez K H. 2010. Hormones and reproduction of Vertebrates — Vol 3: Reptiles. Waltham: Academic Press.

Padian K. 1984. The origin of pterosaurs//Reif W E, Westphal F. Third Symposium on Mesozoic Terrestrial Ecosystems: Short Papers. Tübingen: Attempto, 163—168.

Padian K. 2008a. The Early Jurassic pterosaur *Campylognathoides* Strand, 1928. Spec Pap Palaeont, 80: 65—107.

Padian K. 2008b. The Early Jurassic pterosaur *Dorygnathus banthensis* (Theodori 1830). Spec Pap Palaeont, 80: 1—64.

Padian K, Rayner J M V. 1993. The wings of pterosaurs. American Journal of Science, 293—A: 91—166.

Peng N, Liu Y Q, Kuang H W, et al. 2012. Stratigraphy and geochronology of vertebrate fossil-bearing Jurassic strata from Linglongta, Jiangchang County, western Liaoning, northeastern China. Acta Geologica Sinica (English Edition), 86(6): 1326—1339.

Peters D. 2000. A reexamination of four prolacertiforms with implications for pterosaur phylogenesis. Rivista Italiana di Paleontologia e Stratigrafia, 106(3): 293—336.

Peters D. 2008. The origin and radiation of the Pterosauria//Hone D W. Flugsaurier: The Wellnhofer pterosaur meeting, Munich: Abstract Volume. Munich: Bavarian State Collection for Palaeontology, 27—28.

Plieninger F. 1901. Beiträge zur Kenntniss der Flugsaurier. Palaeontographica, 48: 65—90.

Riabinin A N. 1948. Remarks on a flying reptile from the Jurassic of the Kara-Tau, Akademia Nauk. Paleontological Institute Trudy, 15(1): 86—93.

Sato T, Cheng Y N, Wu X C, et al. 2005. A pair of shelled eggs inside a female dinosaur. Science, 308: 375.

Sayão J M, Kellner A W A. 1998. Pterosaur wing with soft tissue from the Crato Member (Aptian-Albian), Santana Formation, Brazil. Journal of Vertebrate Paleontology, 15(Suppl. 3): 75A.

Seeley H G. 1870. The Ornithosauria: An elementary study of the bones of Pterodactyles. Deighton: Bell, 1—186.

Smith P E, Evensen N M, York D, et al. 1995. Dates and rates in ancient lakes: ^{40}Ar-^{39}Ar evidence for an Early Cretaceous age for the Jehol Group, northeast China. Canadian Journal of Earth Sciences, 32(9): 1426—1431.

Soemmerring S T von. 1812. Über einen *Ornithocephalus*. Denkschriften der Königlich Bayerischen Akademie der Wissenschaften, mathematisch-physikalische Classe, 3: 89—158.

Sullivan C, Wang Y, Hone D W, et al. 2014. The vertebrates of the Jurassic Daohugou Biota of northeastern China. Journal of Vertebrate Paleontology, 34(2): 243—280.

Swisher III C C, Wang Y Q, Wang X L, et al. 1999. Cretaceous age for the feathered dinosaurs of Liaoning, China. Nature, 400: 58–61.

Unwin D M. 1995. Preliminary results of a phylogenetic analysis of the Pterosauria (Diapsida: Archosauria)//Sun A L. Sixth Symposium on Mesozoic Terrestrial Ecosystems and Biota. Beijing: China Ocean Press, 69–72.

Unwin D M. 2003. On the phylogeny and evolutionary history of pterosaurs//Buffetaut E, Mazin J M. Evolution and palaeobiology of pterosaurs. London: Geological Society, Special Publications, 217(1): 139–190.

Unwin D M. 2006. The pterosaurs from deep time. New York: Pi Press, 1–347.

Unwin D M, Bakhurina N N. 1994. *Sordes pilosus* and the nature of the pterosaur flight apparatus. Nature, 371: 62–84.

Unwin D M, Frey E, Martill D M, et al. 1996. On the nature of the pteroid in pterosaurs. Proceedings of the Royal Society of London, Series B: Biological Sciences, 263(1366): 45–52.

Unwin D M, Lü J C, Bakhurina N N. 2000. On the systematic and stratigraphical significance of pterosaurs from the Lower Cretaceous Yixian Formation (Jehol Group) of Liaoning, China. Mitteilungen der Museum Naturkunde Berlin Geowissenschaften, Reihe, 3: 181–206.

Unwin D M, Martill D M. 2007. Pterosaurs of the Crato Formation//Martill D M, Bechly G, Loveridge R F. The Crato fossil beds of Brazil, window into a ancient world. New York: Cambridge University Press, 475–524.

Wang X L, Kellner A W A, Jiang S X, et al. 2009. An unusual long-tailed pterosaur with elongated neck from western Liaoning of China. Anais da Academia Brasileira de Ciências, 81(4): 793–812.

Wang X L, Kellner A W A, Jiang S X, et al. 2010. New long-tailed pterosaurs (Wukongopteridae) from western Liaoning, China. Anais da Academia Brasileira de Ciências, 82(4): 1045–1062.

Wang X L, Kellner A W A, Jiang S X, et al. 2012. New toothed flying reptile from Asia: close similarities between early Cretaceous pterosaur faunas from China and Brazil. Naturwissenschaften, 99(4): 249–257.

Wang X L, Kellner A W A, Jiang S X, et al. 2014a. Sexually dimorphic tridimensionally preserved pterosaurs and their eggs from China. Current Biology, 24, 1323–1330.

Wang X L, Kellner A W A, Zhou Z, et al. 2005. Pterosaur diversity and faunal turnover in Cretaceous terrestrial ecosystems in China. Nature, 437: 875–879.

Wang X L, Kellner A W A, Zhou Z, et al. 2007. A new pterosaur (Ctenochasmatidae, Archaeopterodactyloidea) from the Lower Cretaceous Yixian Formation of China. Cretaceous Research, 28(2): 245–260.

Wang X L, Campos D A, Zhou Z H, Kellner A W A. 2008b. A primitive istiodactylid pterosaur (Pterodactyloidea) from the Jiufotang Formation (Early Cretaceous), northeast China. Zootaxa, 1813: 1–18.

Wang X L, Kellner A W A, Cheng X, et al. 2015. Eggshell and histology provide insight on the life history of a pterosaur with two functional ovaries. Anais da Academia Brasileira de Ciências, 87(3): 1599–1609.

Wang X L, Kellner A W A, Zhou Z, et al. 2008a. Discovery of a rare arboreal forest-dwelling flying reptile (Pterosauria, Pterodactyloidea) from China. Proceedings of the National Academy of Sciences, 105(6): 1983–1987.

Wang X L, Lü J C. 2001. Discovery of a pterodactyloid pterosaur from the Yixian Formation of western Liaoning, China. Chinese Science Bulletin, 46(13): 1112–1117.

Wang X L, Rodrigues T, Jiang S X, et al. 2014b. An Early Cretaceous pterosaur with an unusual mandibular crest from China and a potential novel feeding strategy. Scientific reports, 4: 6329.

Wang X L, Zhou Z H. 2003. Two new pterodactyloid pterosaurs from the Early Cretaceous Jiufotang Formation of western Liaoning, China. Vertebrata PalAsiatica, 41(1): 34–49.

Wang X L, Zhou Z H. 2004. Palaeontology: pterosaur embryo from the Early Cretaceous. Nature, 429: 621–621.

Wang X L, Zhou Z H. 2006. Pterosaur assemblages of the Jehol Biota and their implication for the Early Cretaceous pterosaur radiation. Geological Journal, 41: 405–418.

Wang X L, Zhou Z H, Zhang F C, et al. 2002. A nearly completely articulated rhamphorhynchoid pterosaur with exceptionally well-preserved wing membranes and "hairs" from Iner Mongolia, northeast China. Chinese Science Bulletin, 47(3): 226–230.

Wellnhofer P. 1975. Die Rhamphorhynchoidea (Pterosauria) der Oberjura-Plattenkalke Süddeutschlands. Paläontographica A, 148: 1–33.

Wellnhofer P. 1978. Pterosauria. Handbuch der Palaeoherpetologie, Teil 19. Stuttgart: Gustav Fischer Verlag, 1–82.

Wellnhofer P. 1987. Die Flughaut von *Pterodactylus* (Retilia: Pterosauria) am Beispiel des Wieners Exemplares von *Pterodactylus kochi* (Wagner). Annalen des Naturhistorischen Museums in Wien, 88A: 149–162.

Wellnhofer P. 1991. The illustrated encyclopedia of pterosaurs. London: Salamander books Ltd, 1–192.

Wellnhofer P. 2003. A Late Triassic pterosaur from the Northern Calcareous Alps (Tyrol, Austria)//Buffetaut E, Mazin J M. Evolution and palaeobiology of pterosaurs. London: Geological Society, Special Publications, 217(1): 5–22.

Wellnhofer P. 2008. A short history of pterosaur research. Zitteliana, B28: 7–19.

Wellnhofer P, Kellner A W A. 1991. The skull of *Tapejara wellnhoferi* Kellner (Reptilia, Pterosauria) from the Lower Cretaceous Santana Formation of the Araripe Basin, Northeastern Brazil. Mitteilungen der Bayerischen Staatssammlung für Paläontologie und historische Geologie, 31: 89–106.

Wild R. 1984. A new pterosaur (Reptilia, Pterosauria) from the Upper Triassic (Norian) of Friuli, Italy. Gortania, 5: 45–62.

Witschi E. 1935. Seasonal sex characters in birds and their hormonal control. Wilson Bull, 47: 177–188.

Witton M. P. 2013. Pterosaurs: natural history, evolution, anatomy. Princeton: Princeton University Press, 1–291.

Zheng X T, O' Connor J, Huchzermeyer F, et al. 2013. Preservation of ovarian follicles reveals early evolution of avian reproductive behavior. Nature, 495: 507–511.

Zhou C F. 2014. Cranial morphology of a *Scaphognathus*-like pterosaur, *Jianchangnathus robustus*, based on a new fossil from the Tiaojishan Formation of western Liaoning, China. Journal of Vertebrate Paleontology, 34(3): 597–605.

Zhou C F, Schoch R P. 2011. New material of the non-pterodactyloid pterosaur *Changchengopterus pani* Lü, 2009 from the Late Jurassic Tiaojishan Formation of western Liaoning. Neues Jahrbuch für Geologie und Paläontologie-Abhandlungen, 260(3): 265–275.

Zhou Z H, Jin F, Wang Y. 2010. Vertebrate Assemblages from the Middle-Late Jurassic Yanliao Biota in Northeast China. Earth Science Frontiers, 17(Special Issue): 252–254.

索　引

作者介绍

　　程心　吉林长春人。中国科学院古脊椎动物与古人类研究所博士，巴西里约联邦大学和国家博物馆博士后，获巴西国家自然科学技术和发展委员会科学技术与发展地区奖学金。主要从事翼龙的形态学、系统学及相关地层学和年代学研究。参与了多项国家自然科学基金、国家重点基础研究计划（973计划）、省部级项目。在系统古生物学、地层学等领域发表论文近20篇，以及科普文章多篇。

　　蒋顺兴　江苏常州人。博士，中国科学院古脊椎动物与古人类研究所助理研究员。主要从事翼龙的形态学、系统学和骨组织学以及相关地层学等的研究工作。现主持一项自然科学基金青年基金项目，还参与过多项国家自然科学基金、国家基础研究项目计划（973计划）、省部级项目。目前已发表相关学术论文20余篇，科普论文10余篇。

　　汪筱林　甘肃甘谷人。中国科学院古脊椎动物与古人类研究所研究员，博士生导师。主要从事翼龙、恐龙和恐龙蛋及地层学、沉积学、古环境和中生代化石生物群研究。国家杰出青年科学基金获得者和中国科学院百人计划入选者，中国科学院特聘研究员，中国科学院大学岗位教授，巴西科学院通讯院士。曾获首届中国科学院杰出科技成就奖、国家自然科学奖二等奖、第五届全国优秀科普作品奖二等奖等。在包括*Nature, PNAS*等学术杂志上发表论文近140篇。